蔬菜病虫害图谱诊断与防治丛书

葱蒜类蔬菜病虫害
诊断与防治原色图谱

商鸿生　王凤葵　编著

金盾出版社

内 容 简 介

本书以文字说明与原色图谱相结合的方式,形象地介绍了大葱、洋葱、韭菜、大蒜等蔬菜的 31 种(类)病害与 29 种害虫。对各种病虫害都以诊断和防治为重点,详细阐述了危害情况、诊断特点、发生规律和防治方法,并选配了112 幅彩照。本书行文简明,图像清晰,内容丰富,涵盖了生产上所能遇到的绝大多数病虫,其中包括新发现的种类。本书有助于读者迅速进行田间诊断和做出防治对策,适于广大菜农以及贮运营销人员、专业技术人员和院校师生参阅。

图书在版编目(CIP)数据

葱蒜类蔬菜病虫害诊断与防治原色图谱/商鸿生,王凤葵编著 . —北京:金盾出版社,2002.6
(蔬菜病虫害图谱诊断与防治丛书)
ISBN 978-7-5082-1946-2

Ⅰ. 葱… Ⅱ. ①商…②王… Ⅲ. 鳞茎类蔬菜-病虫害-图谱 Ⅳ. S436.33-64

中国版本图书馆 CIP 数据核字(2002)第 020917 号

金盾出版社出版、总发行
北京太平路 5 号(地铁万寿路站往南)
邮政编码:100036 电话:68214039 83219215
传真:68276683 网址:www.jdcbs.cn
彩色印刷:北京百花彩印有限公司
黑白印刷:北京四环科技印刷厂
装订:海波装订厂
各地新华书店经销
开本:850×1168 1/32 印张:3.875 彩页:80 字数:68 千字
2009 年 3 月第 1 版第 4 次印刷
印数:23001—34000 册 定价:14.00 元

前　　言

蔬菜是我国重要的经济作物。农业生产结构调整促使蔬菜生产迅猛发展,常年种植面积已超过 1650 万公顷,年产量达 4.6 亿吨。蔬菜生产的规模和效益已居世界前列。在我国加入 WTO 后,蔬菜生产更被普遍看成具有国际竞争优势的产业。

有害生物是蔬菜生产的重要限制因素,常年病虫害造成的产量损失高达 20%～30%以上,品质损失和市场损失更不可计量。防治失当,不合理地使用农药,还会造成蔬菜产品农药残留超标与环境污染。因而切实搞好蔬菜病虫害综合防治,贯彻"从田头到餐桌"的全程质量安全控制,便成为进一步发展蔬菜生产和提高蔬菜产品质量的中心环节。

根据蔬菜生产和科技成果转化的新形势,金盾出版社和部分农业院校的植保专家共同策划,编写了"蔬菜病虫害图谱诊断与防治丛书",按蔬菜种类,分为 6 册陆续出版。该"丛书"以蔬菜病虫的诊断为切入点,全面介绍蔬菜病虫的危害特点、发生规律和防治技术,实际上是一套文图并茂的小型百科全书。

准确迅速地诊断病虫害,是蔬菜病虫害综合防治的关键技术,也是每位菜农和蔬菜产业从业人员必须掌握的基本技能。只有在正确诊断病虫种类的前提下,才能迅速作出防治决策,采用适时对路的防治措施,收到事半功倍的效果。这套"丛书"对每一种病虫都选配了一至多幅精美、清晰的彩照,逼真地再现了病虫的特征,并配以简明准确的解说,便于读者"按图索骥",实行田间检诊。深入研读"丛书",还有助于提高读者的诊断技巧,作到出繁入简,见微知著,早期发现病虫,选择最佳防治时期而主动出击。

保护地栽培的大发展,实现了蔬菜周年生产,促成南菜北移、东菜西移,加之外向性农业的拓展与品种的多样化,无不使病虫种类和发生形势有了很大变化。有鉴于此,"丛书"全面而系统地收录了各类蔬菜的绝大多数病虫种类,不仅有当前生产上主要和常见的病虫,还有新发生的病虫和在新栽培环境与生产模式中有可能猖獗发生的病虫,以期更好地适应蔬菜产业化的趋势,满足读者多方面的需求。

生产无公害蔬菜,进而发展有机蔬菜,是新世纪我国蔬菜产业发展的必由之路。"丛书"以此为指导思想和努力目标,从当前蔬菜病虫害发生和防治的实际出发,吸取了最新科研成果和防治经验,收录了先进而实用的综合防治技术。

"丛书"在编写、编排和出版诸方面都充分考虑到降低成本和方便读者。由于"丛书"兼具实用技术读物和专著的特点,能满足不同职业、不同层次的读者需要,尤其适合广大菜农、蔬菜营销经管人员、农业技术人员、植物保护和植物检疫人员以及院校师生阅读利用。愿本"丛书"在推动蔬菜科技进步和发展蔬菜生产方面发挥应有的作用,并恳请各位读者提出宝贵意见,以便再版时补正。

商鸿生

2002 年 4 月 1 日

目　　录

一、病害诊断 ……………………………………………（1）

　紫斑病 ……………………………………………………（1）

　黑斑病 ……………………………………………………（3）

　霜霉病 ……………………………………………………（4）

　锈病 ………………………………………………………（6）

　灰霉病 ……………………………………………………（8）

　炭疽病 …………………………………………………（10）

　白腐病 …………………………………………………（11）

　小粒菌核病 ……………………………………………（13）

　软腐病 …………………………………………………（14）

　根结线虫 ………………………………………………（16）

　葱苗立枯病 ……………………………………………（16）

　葱类球腔菌叶斑病 ……………………………………（17）

　葱类黄矮病 ……………………………………………（18）

　葱类和韭菜花茎枯腐 …………………………………（20）

　洋葱鳞茎病害 …………………………………………（22）

　韭菜疫病 ………………………………………………（26）

　大蒜匐柄霉叶枯病 ……………………………………（27）

　大蒜枝孢叶斑病 ………………………………………（31）

　大蒜病毒病害 …………………………………………（31）

　蒜头贮藏期病害 ………………………………………（34）

　蒜薹贮藏期腐烂病 ……………………………………（36）

二、虫害诊断 ……………………………………………（39）

　葱地种蝇（葱蝇） ……………………………………（39）

　灰地种蝇（种蝇） ……………………………………（41）

韭迟眼蕈蚊（韭蛆） ······················· (43)

蛴螬 ······································· (46)

金针虫 ····································· (49)

蝼蛄 ······································· (50)

蟋蟀 ······································· (51)

甜菜夜蛾 ··································· (52)

葱须鳞蛾 ··································· (56)

葱斑潜叶蝇 ································· (57)

葱蓟马 ····································· (59)

大青叶蝉 ··································· (60)

斑须蝽 ····································· (61)

葱黄寡毛跳甲 ······························· (62)

蒜萤叶甲（韭萤叶甲） ····················· (63)

绿圆跳虫 ··································· (64)

印度谷螟 ··································· (65)

仓潜 ······································· (66)

伯氏嗜木螨 ································· (67)

根螨 ······································· (68)

蜗牛 ······································· (69)

三、病害防治 ·································· (71)

紫斑病 ····································· (71)

黑斑病 ····································· (72)

霜霉病 ····································· (72)

锈病 ······································· (74)

灰霉病 ····································· (74)

炭疽病 ····································· (76)

白腐病（黑腐小核菌病） ··················· (77)

小粒菌核病 ································· (78)

软腐病 ····································· (78)

根结线虫病 …………………………………………………………（79）

葱苗立枯病 …………………………………………………………（79）

葱类球腔菌叶斑病 …………………………………………………（80）

葱类黄矮病 …………………………………………………………（80）

葱类和韭菜花茎枯腐 ………………………………………………（80）

洋葱鳞茎病害 ………………………………………………………（81）

韭菜疫病 ……………………………………………………………（81）

大蒜匐柄霉叶枯病 …………………………………………………（83）

大蒜枝孢叶斑病 ……………………………………………………（85）

大蒜病毒病害 ………………………………………………………（85）

蒜头贮藏期病害 ……………………………………………………（86）

蒜薹贮藏期腐烂病 …………………………………………………（87）

四、虫害防治 …………………………………………………………（91）

葱地种蝇（葱蝇） …………………………………………………（91）

灰地种蝇（种蝇） …………………………………………………（94）

韭迟眼蕈蚊（韭蛆） ………………………………………………（95）

蛴螬 …………………………………………………………………（97）

金针虫 ………………………………………………………………（99）

蝼蛄 …………………………………………………………………（100）

蟋蟀 …………………………………………………………………（102）

甜菜夜蛾 ……………………………………………………………（103）

葱须鳞蛾 ……………………………………………………………（104）

葱斑潜叶蝇 …………………………………………………………（105）

葱蓟马 ………………………………………………………………（106）

大青叶蝉 ……………………………………………………………（107）

斑须蝽 ………………………………………………………………（107）

葱黄寡毛跳甲 ………………………………………………………（108）

蒜萤叶甲（韭萤叶甲） ……………………………………………（108）

绿圆跳虫 ……………………………………………………………（110）

印度谷螟…………………………………………………… (110)

仓潜…………………………………………………………… (111)

伯氏噬木螨………………………………………………… (112)

根螨…………………………………………………………… (112)

蜗牛…………………………………………………………… (113)

一、病 害 诊 断

紫 斑 病

病原菌为半知菌亚门链格孢属的一种真菌,即葱链格孢〔*Alternaria porri*(Elliott) Cit.〕。危害叶片、叶鞘和花茎。紫斑病为大葱、洋葱的常见病害,分布普遍,多雨年份发病严重,导致大量倒秧,严重减产。韭菜和大蒜也有发生。

【危害与诊断】 叶片和花茎上初生近圆形小病斑,后扩大成纺锤形或椭圆形大病斑,长度可达2～4厘米,稍凹陷。病斑初为淡黄色,后变为褐色、紫色或边缘为紫色(彩照1)。有时病斑生有较明显的波状同心轮纹,潮湿时病斑上产生黑色霉状物(彩照2)。叶片或花茎可在病斑处软化折倒(彩照3)。叶尖发病后枯死,呈枯白色,略带紫色。严重发病后,多个病斑汇合,致使叶片或花茎黄枯死亡。韭菜和大蒜发病,产生类似病斑。在韭菜叶片上,病斑可沿叶片边缘发生,呈半圆形(彩照4)。

图1 大葱叶片紫斑病症状

图 3　大葱叶片
在紫斑病病斑处
软化折倒

图 2　葱类紫斑病的一种病斑类型
病斑褐色,略呈同心轮纹

图 4　韭菜叶片上紫斑病症状

2

黑斑病

病原菌为半知菌亚门匍柄霉属的总状匍柄霉（*Stemphylium botryosum* Wallr.），有性态为子囊菌亚门的枯叶格孢腔菌［*Pleospora herbarum*（Pers.）Rabh.］。危害大葱、洋葱和韭菜，较常见。大蒜多发生由匍柄霉属另一种病原菌引起的相似病害，本书将单独介绍。

【危害与诊断】 主要危害叶片和花茎。叶片上病斑初为黄白色，后变黑褐色，椭圆形、长圆形，周边有黄色晕圈，变色部分向病斑上下方伸展，病斑上略现轮纹，后期病斑上产生黑色霉状物（彩照5，彩照6）。发病严重的叶片发黄或由发病部位折断。花茎和花序被侵染后变色黄枯，常与紫斑病菌复合侵染危害。

图5 大葱叶片黑斑病症状

图6 韭菜叶片黑斑病症状

3

霜霉病

葱类霜霉病的病原菌是鞭毛菌亚门霜霉属的葱霜霉,学名 *Peronospora schleideni* Ung.。该病为大葱、洋葱的重要病害,各地普遍发生,在低温多雨年份,导致叶片大量干枯死亡。除大葱、洋葱外,葱属其他蔬菜,例如韭葱、分葱、细香葱、韭菜和大蒜等也可被霜霉病菌侵染。

【危害与诊断】 霜霉病有系统侵染和局部侵染两类病株,其症状特点不同。系统侵染的病株是由土壤和种植材料传带的病菌侵染所形成的,表现出全身性的症状。局部侵染植株只在被侵染的部位出现症状。

大葱被病原菌系统侵染后,病株矮化,叶片扭曲畸形。潮湿时在叶片与花茎表面形成一层疏松的绒毛状霉层,白色到淡紫色。干燥时仅变污白色或淡黄色枯死(彩照7)。有时只叶片尖端部分发病,变白枯死(彩照8)。局部侵染的叶片和花茎上,产生卵圆形、椭圆形病斑,大小不一,白色或淡黄色,边缘不明显,潮湿时表面生绒毛状霉层,干燥时变为枯斑(彩照9)。叶片中下部发病,则叶片上方下垂干枯。霜霉病的诊断特征为病斑黄白色,表生白色到淡紫色绒毛状霉层,病叶软化易折。后期病部有时孳生腐生性真菌,出现黑霉,需注意鉴别。

洋葱症状与大葱相似。系统侵染病株多在葱苗叶长10厘米以后表现症状,病害由下叶向上叶,由外叶向心叶扩展,病叶苍白色或淡黄色,长出白色或淡紫色绒毛状霉层。发病叶鞘发黄枯死。严重时全株叶片逐层死亡,仅存嫩叶,嫩叶抽展后又再发病。病株矮化,叶片扭曲。由气传孢子囊引起的局部侵染病株,在叶片和花茎上生成椭圆形的淡黄色至黄色大型病斑,边缘不明显,病斑表面生有白色或淡紫色的霉层,以后病叶枯萎。叶片和花茎多由发病处折断。高温时产生较小的椭圆形白色坏死斑。

图 7　葱霜霉病的系统
　　　侵染症状,病叶上的
　　　黑霉为后期孳生的
　　　腐生真菌

图 8　葱霜霉病菌侵染
造成的叶尖白枯

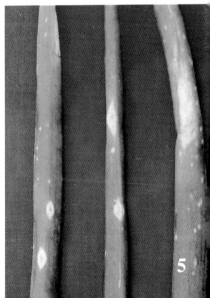

图 9　葱霜霉病
局部侵染症状

5

锈病

病原菌为担子菌亚门柄锈菌属的葱柄锈 [*Puccinia allii* (DC.) Rudolphi]。该菌寄生葱属植物,包括大蒜、洋葱、大葱、韭菜、薤等,产生相似的症状。锈病分布广泛,多在生育后期发生,通常危害不重。但若大面积连片种植感病品种,或发病较早,可导致大流行,造成严重减产。

【危害与诊断】 锈病主要发生在叶片、叶鞘和花茎,蒜薹也可被侵染(彩照10,彩照11)。病部最初出现椭圆形褪绿斑点,不久以后由病斑中部表皮下生出圆形稍隆起的黄褐色或红褐色疱斑,称为夏孢子堆。疱斑的表皮破裂翻起后,散出橙黄色粉末状夏孢子。夏孢子堆圆形、近圆形,长2~3毫米,宽0・5~1毫米,密度高时,可互相汇合成片,使叶片提前枯死(彩照12)。植株生长后期,病叶上形成长椭圆形稍隆起的黑褐色疱斑,内部生有褐色冬孢子,称为冬孢子堆(彩照13)。大蒜染病后蒜头减小,重量减轻,开瓣多。

6　　图10　大葱锈病病叶

图 11　大蒜
锈病病叶

图 12　葱柄锈
的夏孢子堆

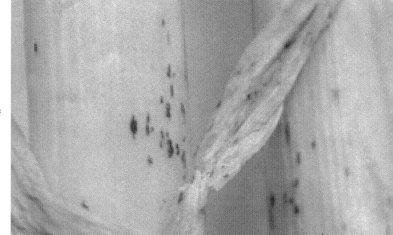

图 13　葱柄锈
的冬孢子堆

灰霉病

灰霉病是韭菜、葱类和大蒜的重要病害,分布广泛,在田间常造成叶片大量霉烂,贮运期危害也很严重。病原菌是半知菌亚门葡萄孢属的几个种(*Botrytis squamosa* Walker,*B. cinerea* Person,*B. byssoidea* Walker 等)。

【危害与诊断】 韭菜、洋葱、大葱和大蒜叶片发病有 3 种主要症状,即白点型、干尖型和湿腐型。白点型最常见,叶片上出现白色至浅灰褐色小斑点,扩大后成为梭形至长椭圆形,病斑长度可达1～5毫米,潮湿时病斑上生有灰褐色绒毛状霉层。后期病斑相互连接,致使大半个叶片甚至全叶腐烂死亡,死叶表面也密生灰霉,有时还生出黑色颗粒状物,为病原菌的菌核(彩照14,彩照15)。干尖型多从采收韭菜的刀口处开始腐烂,也出现在大蒜的中下部叶片的叶尖。病叶的叶尖初呈水浸状,后变为淡绿色至淡灰褐色,并向基部扩展,病部呈半圆形或"V"字形,后期也生有灰色霉层(彩照16)。湿腐型症状多发生在采收后的植株上,叶片呈水浸状,变深绿色,湿腐霉烂(彩照17),市贩韭菜发生较多。

洋葱鳞茎多在成熟期和贮藏期发病,蒜薹在贮运期常因灰霉病而严重腐烂。

图 14　大葱灰霉病
症状:白点型

8

图 16 韭菜灰霉病
症状:干尖型

图 15 韭菜灰霉病
症状:白点型

图 17 韭菜灰霉病
症状:湿腐型

炭 疽 病

病原菌是半知菌亚门炭疽菌属的葱炭疽菌［*Colletotrichum circinans*(Berk.)Vogl.］。大蒜、大葱、韭菜等皆可发病，一般受害轻，洋葱发病较重。

【危害与诊断】 危害叶片、花茎和鳞茎。在半枯的叶片和花茎上，形成近梭形或不规则形褐色病斑，以后生出许多黑色小点（病原菌分生孢子盘）。在大蒜蒜头和蒜瓣上生有褐色稍凹陷的圆形、近圆形斑，其上散生或轮生多数小黑点（彩照18，彩图19）。洋葱鳞茎外侧鳞片或颈部下方生有圆形稍凹陷的褐色病斑，扩大后连接成大病斑并深入鳞茎内部，引起腐烂，病斑上散生或轮生黑色小粒点。

图18　蒜头上炭疽病病斑

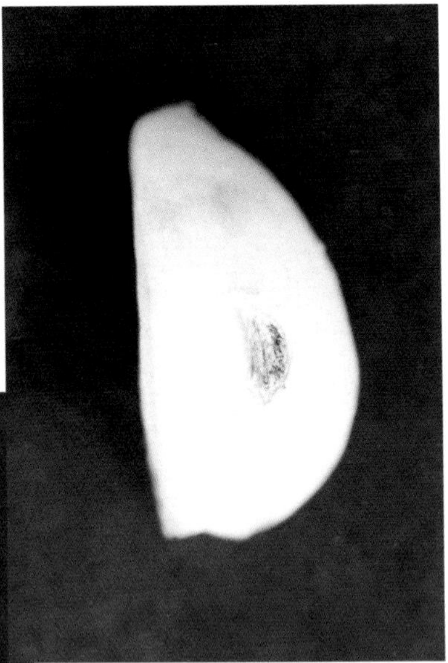

图19　蒜瓣上炭疽病病斑

白腐病

白腐病为危害多种葱属蔬菜的一种土传病害,病原菌为白腐小核菌(*Sclerotium cepivorum* Berkeley)。大葱和大蒜发生最重,早期发病造成大量死苗,发病较晚的鳞茎也因病腐烂,地上部枯萎。

【危害与诊断】 病株须根软化腐烂,鳞茎初生水渍状病斑,迅速变黑腐烂,密生多数黑色颗粒状物,即病原菌的菌核(彩照20)。潮湿时病部长出白色绒状菌丝体。地上部先由外叶叶尖开始发黄,进一步扩展到全叶,叶鞘也变黄枯死(彩照21)。其他叶片也陆续变黄,后期整株枯死。病株矮小,生长缓慢,因根部和叶鞘腐烂软化,病株很容易由土壤中拔出或折断。

病原菌产生球形、扁球形的菌核,初白色后变黑色,内部浅红白色,多数长 0.5～1 毫米,数量多时,彼此重叠形成菌核块(彩照22)。

图 20 大蒜白腐病症状,病部腐烂,密生小黑点

11

图 21 大蒜白腐病症状，地上部叶片变黄枯死

图 22 白腐病
病原菌的菌核

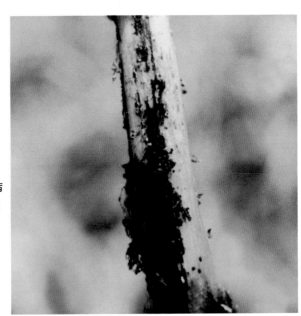

小粒菌核病

病原菌为子囊菌亚门核盘菌属的葱核盘菌(*Sclerotinia allii* Saw.)。侵染葱类、韭菜和大蒜,发病不如白腐病(黑腐小核菌病)普遍和严重。

【危害与诊断】 病株叶片和花茎多由先端开始变黄,逐渐向基部发展,部分或全部枯死,与白腐病症状相似(彩照23)。叶鞘基部和根部腐烂褐变,生有黑色不规则形状的小菌核,大小为1.5~3毫米×1~2毫米,有时几个菌核合并在一起。苗期发病可引起大量死苗。

图23 大蒜感染小粒菌核病后,植株基部茎叶枯死

软 腐 病

病原菌为薄壁菌门欧文氏属的胡萝卜欧氏杆菌胡萝卜致病变种,学名 *Erwinia carotovora* var. *carotovora* Dye。该病是蔬菜作物的主要病害之一,在田间和贮运期间都可发生。

【危害与诊断】 各种作物软腐病的共同特点是从植株伤口处首先开始发病,病部初呈浸润状半透明,以后粘滑软腐,有恶臭,出现污白色细菌溢脓(彩照 24)。

大蒜先由地下假茎开始腐烂,随着病情发展,病株逐渐表现生长不良,矮小,叶失水呈萎蔫状,叶色变红,新叶难以抽出。最后重病株地下部分腐烂殆尽,地上部分枯死。稍轻者因假茎地下部分腐烂,不能分化蒜瓣,形成无瓣蒜头。

大葱、韭菜的假茎基部、须根,韭菜根状茎等部位多由根蛆造成的伤口发病,病部水浸状腐烂(彩照 25,彩照 26)。洋葱在鳞茎膨大期,1~2 片外叶基部近地面处出现苍白色水浸状病斑,进而软化腐烂,叶片下垂或倒伏。鳞茎颈部呈水浸状凹陷,鳞茎内部腐烂,腐烂部分汁液外溢,有恶臭。

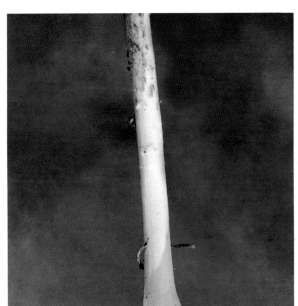

图 24　大蒜假茎软腐病症状

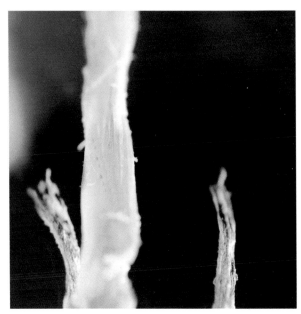

图 25　大葱假茎
软腐病症状

图 26　韭菜鳞茎
软腐病症状

根结线虫病

多种根结线虫（*Meloidogyne* spp.）危害蔬菜,发生面积有扩大趋势。大蒜、葱类、韭菜等有发生,但多不严重,较少受害。

【危害与诊断】　根结线虫寄生于植物根部,幼嫩的须根最易受害,导致须根膨肿,根尖肿大,形成瘤状根结(彩照27)。根结初白色,表面光滑,后变褐色,粗糙。剖开根结,可见洋梨形乳白色雌线虫。须根少而扭曲。有虫植株生长缓慢瘦弱,叶尖枯死。

图27　根结线虫病
症状:根膨肿,根尖
肿大,有瘤状根结

葱苗立枯病

在大葱、洋葱育苗期间发生,病原菌为半知菌亚门丝核菌属的立枯丝核菌(*Rhizoctonia solani* Kühn)。该菌寄主范围很广,引起多种农园作物的苗期病害。

【危害与诊断】　多发生于发芽后半个月内,1~2叶期幼苗接近地面的部位变枯白色或淡黄色,软化,凹陷缢缩,植株枯死,严重时幼苗成片倒伏死亡(彩照28)。在潮湿条件下,病部和附近地面生出稀疏的褐色蛛丝网状菌丝。

图 28 葱苗
立枯病症状

葱类球腔菌叶斑病

病原菌为子囊菌亚门的葱球腔菌,学名 *Mycosphaerella schoenoprasi*(Rabh.) Schroet。该病危害葱类叶片,导致叶枯,多雨年份发生较重。

【危害与诊断】 叶片上病斑梭形、椭圆形,中央灰褐色,边缘黄褐色。病斑上聚生许多小黑点,即病原菌的子囊壳。病斑小而多,发生严重时相互汇合,叶片黄枯(彩照 29)。

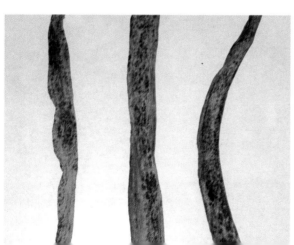

图 29 大葱
球腔菌叶斑
病症状

17

葱类黄矮病

侵染大葱、洋葱等葱类作物的病毒有多种,其中葱黄矮病毒 (Onion yellow dwarf virus OYDV) 发生较普遍。

【危害与诊断】 大葱首先在新叶基部出现淡黄绿色的花叶斑驳(彩照 30),黄色条纹(彩照 31)或长短不一的条斑(彩照 32),严重时布满叶面,有的叶片扁而扭曲。另一种症状是叶片变黄(彩照 33),继而整株生育不良,黄化矮缩,分蘖多,叶片细。洋葱多在育苗后期开始发病,病株生长缓慢,叶片扁平,波状,出现花叶症状或长条形黄斑,病株明显矮小。

图 31　葱黄矮病症状:叶上黄色条纹　　图 30　葱黄矮病症状:花叶斑驳

18

图 32　葱黄矮病
症状:叶上黄色
条斑

图 33　葱黄矮病
症状:叶片黄化

葱类和韭菜花茎枯腐

【危害与诊断】 葱类和韭菜种株在开花结实阶段，花茎和花序受到多种病菌侵染，出现枯萎、腐烂等症状，造成结实不良和种子瘪瘦。主要病原菌及其引起的症状如下：

（1）**紫斑病** 由葱链格孢引起，侵染花茎、小花梗和花。大葱和洋葱的花茎发病后，生黄褐色或紫色斑块，后期多变为紫黑色，潮湿时密生霉状物。花茎腐烂，软化折倒（彩照 34）。韭菜发病后，花茎和花序生有紫色斑块（彩照 35）。变色部分可环绕花茎或小花梗 1 周，引起花茎枯黄。后期花茎、小花梗和花上尚可腐生其他真菌。

（2）**黑斑病** 由匐柄霉属真菌（*Stemphylium* spp.）侵染引起，症状与紫斑病类似，可与紫斑病混合发生，韭菜受害重。

（3）**霜霉病** 由葱霜霉引起。花茎上生大小不一的淡黄色斑块，边缘不明显，潮湿时表面生绒毛状霉层，干燥时变为枯斑，可孳生腐生真菌而变黑色（彩照 36）。

（4）**红腐病** 由串珠镰刀菌（*Fusarium moniliforme* Sheld.）引起，危害韭菜花序，病部变黄褐色枯腐。潮湿时生粉红色霉。

图 34 大葱花梗和花序枯死，主要由紫斑病引起，混生黑斑病

图 35　韭菜花梗和花序枯死，主要由紫斑病引起，混生黑斑病

图 36　洋葱花梗霜霉病（混生紫斑病）

21

洋葱鳞茎病害

【危害与诊断】 洋葱鳞茎在贮运期间发生多种病害,条件适宜时鳞茎大量腐烂,造成惨重损失。有时虽然不发生严重腐烂,但病害污损了葱头外观,大大降低了商品价值。另外,洋葱头还是远销和出口的重要农产品,鳞茎病害具有检疫重要性。洋葱鳞茎主要病害有以下几种:

(1)**青霉病** 病原菌为青霉属真菌(*Penicillium* spp.)。鳞茎的颈部、肩部、中部或底部都可发病,初现近圆形或不规则形水浸状病斑,略凹陷,苍白色。以后病部软化湿腐,密生色或青灰色霉层(彩照 37)。撕开外层鳞片,可见内层鳞片上也出现变色腐烂斑块(彩照 38)。

(2)**灰霉病** 病原菌为葡萄孢属真菌(*Botrytis* spp.)。多从颈部开始发病,鳞茎颈部产生污褐色凹陷的病斑,可蔓延到内层鳞片,使之软化腐烂,继而可扩大到整个鳞茎,潮湿时病斑表面密生灰霉(彩照 39)。横切染病鳞茎,可见内部受害鳞片变褐色,有干缩现象,鳞片间有灰色霉状物和黑色粒状菌核。有时鳞茎颈部可产生多数菌核,呈硬痂状。患病鳞茎被软腐细菌二次侵染而软化腐烂。

(3)**干腐病** 病原菌为镰刀菌(*Fusarium* spp.)。病鳞茎须根脱落,茎盘变褐,连接茎盘的鳞片底部变色腐烂。条件适合时,发病部位迅速扩大并深入内层鳞茎,以至整个鳞茎干腐,皱缩塌陷,最后消失殆尽。病鳞茎上生有粉白色或粉红色霉(彩照 40)。

(4)**污斑病** 病原菌为总状匍柄霉。鳞茎颈部和肩部发生较多。表皮上生出许多形状、大小不一的黑斑,病斑长度小的不足 1毫米,大的可达 5毫米左右,有时多数黑斑连成一片(彩照 41)。病斑不能透过表皮侵染鳞茎内部,也不引起腐烂,仅严重污损鳞茎外观。

（5）**细菌性黑腐病**　由一种细菌引起，茎盘变褐腐烂，须根腐烂或脱落，茎盘周围鳞片腐烂，变深黑色，浸润性扩展，形成连片的云纹状病斑。腐烂部位可深入内层鳞片，严重时整个鳞茎变黑腐烂，但无臭味（彩照42）。有时鳞茎中部或肩部有伤痕，也生成近圆形或不规则形黑色病斑，造成鳞片腐烂。

（6）**细菌性软腐病**　病原菌是胡萝卜欧氏杆菌胡萝卜致病变种。鳞茎颈部呈水浸状凹陷，鳞片软化腐烂，进而整个鳞茎腐烂。腐烂部分不变黑，有计液外溢，有恶臭。

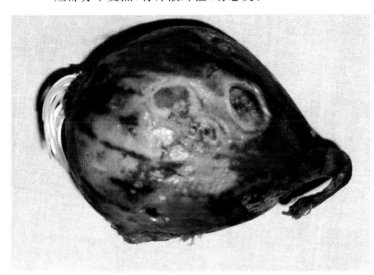

图 37　洋葱鳞茎青霉病

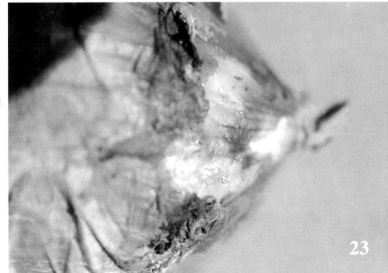

图 38　洋葱鳞茎青霉病症状，显示内层鳞片变色腐烂

图 39　洋葱鳞茎灰霉病

图 40　洋葱鳞茎干腐病

图 41　洋葱鳞茎污斑病

图 42　洋葱鳞茎细菌性黑腐病

韭菜疫病

病原菌为鞭毛菌亚门卵菌纲的烟草疫霉，学名 *Phytophthora nicotianae* Bred de Haan。侵染韭菜，其他葱属蔬菜以及烟草、茄科蔬菜和多种果树等。疫病引起韭菜叶片、假茎和根部腐烂，抑制植株生长，减少养分贮存，造成严重减产。疫病对大面积专业化栽培和棚室栽培的韭菜危害更大，多雨年份可能大发生，导致韭菜大量烂死。

【危害与诊断】　病原菌侵染叶片、叶鞘、根部和花茎等部位，引起腐烂。叶片和花茎多由中、下部开始发病，出现边缘不明显的暗绿色或浅褐色水浸状病斑，扩大后可达到叶或花茎的一半以上。病部组织失水后缢缩，呈蜂腰状，叶片黄化萎蔫（彩照43），花茎萎垂。湿度大时病部软腐，上生稀疏的灰白色霉状物。叶鞘出现暗绿色、浅褐色水浸状腐烂，易剥离脱落。鳞茎、盘状茎、根状茎、须根等部位也表现浅褐色至暗褐色水浸状腐烂。

图43　韭菜疫病症状

大蒜匐柄霉叶枯病

病原菌为半知菌亚门匐柄霉属的膨胀匐柄霉,学名为 *Stemphylium vesicarium* (Wallroth) Simmons。主要分布在黄河流域各大蒜产区,新疆也有发生。病叶枯死,蒜株早衰,造成蒜头减产和蒜薹霉烂。病田减产可达 5～6 成,多雨年份高达 7～8 成。

【危害与诊断】 病原菌危害叶片、叶鞘、薹茎和薹苞等部位。因大蒜发病的生育阶段不同,症状表现有很大差别,可进一步区分为尖枯型、条斑型、紫斑型、白斑型和混合型等 5 种类型。

(1)**尖枯型** 越冬期前后和早春最明显。病叶叶片尖端变枯黄色至深褐色,坏死捻曲。坏死部分上生黑色霉层,少数有不清晰的紫褐色斑纹,隐约可见(彩照 44)。坏死部分可向叶片中部发展,严重时全叶黄枯。识别时,应注意与生理性干尖相区分(彩照 45)。

(2)**条斑型** 叶片上生有纵贯全叶的褐色条斑,沿中肋或偏向一侧发展,宽度可占叶宽的 1/3～1/2,有时条斑部位有明显伤痕(彩照 46)。潮湿时条斑上有黑色霉层。主要发生于越冬期间和早春,中下部叶片多见。

(3)**紫斑型** 叶片上病斑椭圆形或梭形,两端较尖,中央色泽较深,呈紫褐色,边缘淡褐色,两端有明显的枯黄色坏死线,伸展后可使叶片大部或全部枯黄(彩照 47)。雨后或田间潮湿时病斑表面生有褐色至黑色霉层,为病原菌的分生孢子梗和分生孢子。紫斑型为主要病斑类型,全生育期可见。

(4)**白斑型** 叶片上生有白色圆形或卵圆形小斑点,多不相连接,孤立而分散。有时病斑略有扩大,变浅褐色(彩照 48)。本型病斑多在抽薹期出现于上部叶片和蒜薹上。

(5)**混合型** 同一个叶片上出现 2 种类型或多种类型的病斑。常见紫斑型与条斑型、尖枯型与条斑型或 3 种类型混发(彩照 49)。叶片上病斑还可向叶鞘延伸,使叶鞘枯黄。

在早期发病田块和重病田块,抽薹前大部分叶片枯死,田间枯焦一片(彩照 50),蒜薹不能抽出或严重减产。染病蒜薹在贮藏期发生严重霉烂。

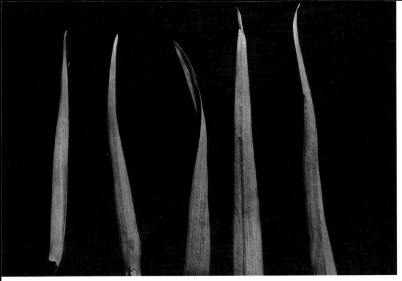

图 45　大蒜叶片生理性干尖,注意与尖枯型匐柄霉叶枯病区分

图 44　大蒜匐柄霉叶枯病症状:尖枯型

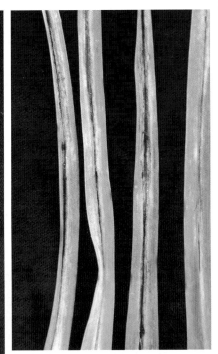

图 46　大蒜匐柄霉叶
枯病症状:条斑型

图 47　大蒜匐柄霉叶枯病症状:紫斑型

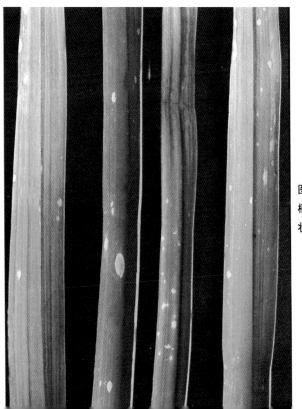

图 48　大蒜匐
柄霉叶枯病症
状:白斑型

29

图49 大蒜匐柄霉叶枯病症状:混合型

图50 大蒜匐柄霉叶枯病严重发病田

30

大蒜枝孢叶斑病

大蒜枝孢叶斑病又称为煤斑病,病原菌为半知菌亚门枝孢霉属的一种病原真菌(*Cladosporium* sp.)。局部地区严重危害大蒜,造成叶枯减产。

【危害与诊断】 叶片上先出现黄白色小点,随后发展成水浸状褪绿斑,扩大后形成梭形稍凹陷的黄褐色大斑,长约 2.5 厘米,宽约 1.5 厘米,病斑两端及周边叶组织枯黄,严重时全叶枯死。高湿度下病斑上长出青灰色霉层(彩照 51)。

图 51 大蒜枝孢叶斑病症状

大蒜病毒病害

大蒜病毒有十多种,主要种类因地区和品种不同而异。大蒜花叶病是由多种病毒复合侵染造成的,分布广泛的为大蒜花叶病毒(Garlic mosaic virus,GMV)和大蒜潜隐病毒(Garlic latent virus,GLV)。大蒜是无性繁殖作物,多种病毒在营养器官中逐年积累,导致严重发病,蒜头和蒜薹产量可减低 50% 以上。

【危害与诊断】　病株叶片有明显花叶和斑驳症状,有时还出现褪绿斑点或黄色条纹,叶片扭曲畸形,叶尖枯黄或叶片变色等症状(彩照52)。花叶症状在晚秋和早春最明显。蒜薹薹苞上出现退绿斑点或斑纹,容易识别(彩照53)。薹茎上出现细小的褪绿斑点,白色或淡黄色(彩照54)。此种褪绿小斑点与匍柄霉侵染产生的早期病斑相似,但匍柄霉病斑在贮藏期可进一步扩大,造成蒜薹腐烂,病株矮化,鳞茎变小,蒜薹短而细,外观和内在品质都严重下降。

图52　大蒜苗期花叶病症状

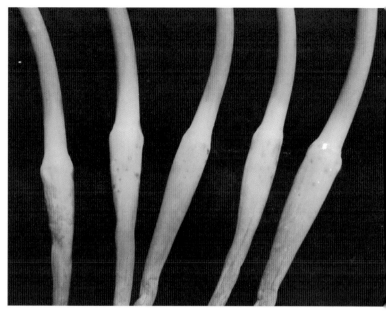

图 53　大蒜蔓苞感染病毒的症状

图 54　大蒜蒜蔓感染病毒的症状

蒜头贮藏期病害

【危害与诊断】 蒜头(大蒜鳞茎)在贮藏调运期间常发生严重的病害,造成蒜头腐烂和污损,大幅度降低其商品价值和种用价值。常见的蒜头贮藏期病害有青霉病、灰霉病、曲霉病、红腐病和黑腐病等。

(1)蒜头青霉病 由多种青霉菌引起。蒜头的部分蒜瓣或全部蒜瓣发病。蒜瓣上生有黄褐色条形或不规则形病斑,病斑凹陷,向内部腐烂,多个病斑汇合后,形成较大的变色区,以后腐烂部分不断扩大,蒜瓣皱缩失重。发病蒜瓣上长出青绿色霉状物(彩照55)。发病蒜头的商品价值和种用价值都严重降低。

(2)蒜头灰霉病 病原菌为灰葡萄孢(*Botrytis cinerea* Person)以及葱鳞葡萄孢(*B. squamosa* Walker)等。蒜头的部分或全部蒜瓣发生褐色腐烂,逐渐失水而使蒜头萎缩空瘪,发病蒜头表面密生灰色霉状物。本病严重降低蒜头的商品价值和种用价值。

(3)蒜头曲霉病 病原菌为黑曲霉(*Aspergillus niger* v. Tiegh.)。蒜头鳞皮灰暗,内部蒜瓣腐烂。有的仅个别或少数蒜瓣被破坏,有的全部被破坏,蒜头变成空包,鳞皮破裂后散出黑色粉末状物,即病原菌的分生孢子(彩照56)。

(4)蒜头红腐病 病原菌为多种镰刀菌(*Fusarium* spp.)。多由根部发病蔓延到鳞茎基部。蒜瓣上生有黄褐色不规则形的凹陷斑,后期病斑周围往往变褐和软化,病部干腐,并逐渐扩展到整个蒜瓣,蒜瓣干枯抽缩。发病蒜瓣上生有橙红色霉状物(彩照57)。

(5)蒜头黑腐病 病原菌为一种半知菌[*Embellisia allii* (Campanile) Simmons]。发病蒜头有1个或多个蒜瓣表现明显症状,蒜瓣上生形状不规则的黑色凹陷病斑,病斑与健康部分交界清晰,表面有稀疏黑色霉状物。病斑下的蒜肉组织变黑腐烂(彩照58)。多数罹病蒜瓣由邻近茎盘的部位首先显症,出现浅黄褐色水浸状病斑,几天后病斑变黑色(彩照59)。此后病斑变黑部分向蒜瓣顶部扩展,表面出现霉状物,蒜肉组织黑腐,腐烂部分逐渐深入。最后整个蒜瓣干缩,直至消失殆尽。

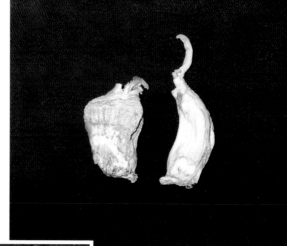

图 55　蒜头青霉病症状

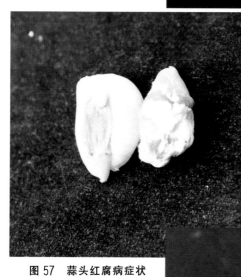

图 56　蒜头曲霉病症状

图 57　蒜头红腐病症状

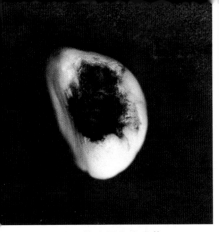

图 58　蒜头黑腐病症状

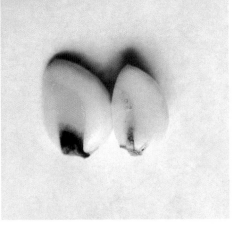

图 59　蒜头黑腐病菌由托盘侵入，先呈水浸状腐烂，然后黑腐

蒜薹贮藏期腐烂病

【危害与诊断】　贮藏蒜薹腐烂是由多种病原真菌侵染引起的复合型病害，主要病原菌在不同地区有所不同，但都降低了贮存蒜薹的品质，甚至引起大量霉烂，造成重大损失。当前以蒜薹匐柄霉腐烂病和灰霉腐烂病最重要。

（1）蒜薹匐柄霉腐烂病（白斑腐烂病）　病原菌为膨胀匐柄霉。薹茎和薹苞上初生多数白色圆形小斑点，直径 1 毫米左右，有时病斑略呈黄色，变色部位仅限于表皮。采收时薹茎上密生此类白色斑点，仅少数病斑有所扩大，成为椭圆形白斑，稍凹陷，但不发生组织腐烂（彩照 60）。入库贮存至 10 月中旬，病斑已有明显扩展，成为黄褐色的椭圆形、梭形凹陷斑，直径达 3～5 毫米，进一步浸润状向周围扩展，形成褐色长条形凹陷斑（彩照 61），继而产生严重湿腐，薹茎单侧腐烂凹陷或环绕薹茎腐烂，病部缢缩（彩照 62）。病部可孳生多种腐生菌，加重腐烂。

（2）蒜薹灰霉腐烂病　病原菌为葱鳞葡萄孢等多种葡萄孢属真菌。薹茎上初期生成水浸状不规则形或长条形单侧凹陷病斑，后软化腐烂，生出灰色霉状物。有时腐烂部分绕薹一周，明显缢缩。由薹尾发生者形成鼠尾状烂薹（彩照 63）。严重时整个薹茎软化霉烂，薹苞也可受害。本病的主要诊断特征为病部软腐，产生灰霉。

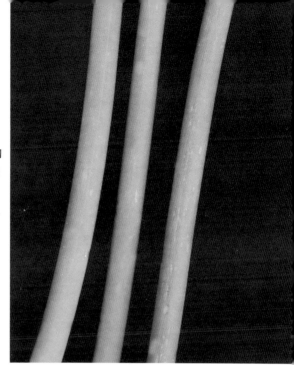

图 60　蒜薹匍柄霉腐烂病初期症状,产生微小褪绿斑点

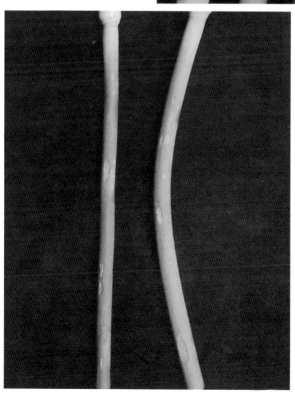

图 61　蒜薹匍柄霉腐烂病中期症状,产生大型褐斑

37

图 62　蒜薹匍柄
霉腐烂病后期症
状,蒜薹腐烂

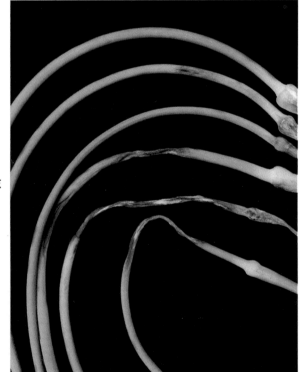

图 63　蒜薹灰
霉腐烂病症状

38

二、虫害诊断

葱地种蝇（葱蝇）

葱地种蝇属双翅目花蝇科，学名 *Delia antiqua*（M.）。幼虫亦称根蛆或地蛆，分布较普遍，在东北、内蒙古、华北和西北中、北部地区发生较多。主要危害大蒜、大葱、洋葱和韭菜等蔬菜作物。

【危害与诊断】 以蛆形幼虫蛀食植株地下部分，包括根部、根状茎和鳞茎等（彩照 64，彩照 65），常使须根脱落成为秃根，鳞茎被取食后呈凸凹不平状，严重的腐烂发臭。有虫株叶片发黄、萎蔫、生长停滞甚至死亡，造成缺苗断垄或毁种。危害大蒜时从托盘食入，向上蛀食，轻的鳞茎和假茎被蛀成孔道，心叶枯黄，植株萎蔫，重者地下部分被蛀空，仅留表皮，大蒜成片死亡（彩照 66）。

葱地种蝇有卵、幼虫、蛹和成虫等虫态。雄成虫（彩照 67）体长 3.8～5.5 毫米，暗褐色。复眼大，两复眼几乎相接连，触角 3 节，具芒状，黑色。口器舔吸式。胸部黄褐色，背面有 3 条黑色纵纹，有中刺毛 2 列，只有 1 对膜质透明的前翅，后翅退化为黄色平衡棒。足黑色，中足胫节有毛 4 根，后足胫节的 1/3～1/2 部分生有成列短毛。腹部纺锤形，扁平，背中央有 1 条黑色纵纹，各腹节分节明显。雌虫体长 4～6 毫米，灰色至灰黄色，中足胫节外上方有 2 根刚毛，胸背和腹背中央纵纹不明显。其他特征同雄虫。卵长约 1 毫米，长椭圆形，稍弯，弯内有纵沟，乳白色，表面有网纹。老熟幼虫（彩照 68）蛆状，体形前端细，后端粗，长 8～10 毫米，宽约 2 毫米，乳白略带浅黄色。头退化，仅有 1 个黑色口钩，粗大的腹部末端近平截形，截面中央有 1 对气孔，周缘有 7 对肉质突起，其中第六对比第五对长而大，第一对在第二对的上内侧，第七对很小。蛹为围蛹（彩照 69），长度 4～5 毫米，宽度 1.5～2 毫米，长椭圆形，红褐色或黄褐色，分节明显，尾端可见与幼虫相似的 7 对突起。

图 64 葱地种蝇
（葱蝇）危害的韭
菜根状茎

图 65 葱地
种蝇危害的
大葱假茎

图 66 大蒜
被葱地种蝇
危害后心叶
枯黄，缺苗

40

图 67　葱地种蝇成虫

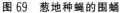

图 69　葱地种蝇的围蛹

灰地种蝇(种蝇)

灰地种蝇属双翅目花蝇科,学名 *Delia platura*(M.)。幼虫亦称根蛆或地蛆,国内分布普遍,除危害葱类、韭菜、大蒜外,还食害豆类、瓜类、菠菜、十字花科蔬菜、玉米、陆稻、薯类、棉花、麻类、花生等多种作物幼苗。

【危害与诊断】　该虫危害葱类、韭菜、大蒜时,以蛆形幼虫蛀食植株地下部分的须根、根状茎、假茎和鳞茎等部位,危害状与葱蝇相似,常造成缺苗断垄和鳞茎腐烂。幼虫还钻入多种作物的种子取食,有时 1 个种子有幼虫 10 余头。春季危害甘蓝和留种菜,秋季可食害大白菜,使之脱帮,造成的伤口易被细菌侵入,诱发软腐病。

雄成虫(彩照 70)为体长 4～6 毫米的蝇子。头部银灰色,复眼大,暗褐色,两复眼几乎相接。触角黑色,具芒状,3 节,第三节长约为第二节的 2 倍。翅颜色稍暗,翅脉暗褐色,平衡棒黄色。足黑色,后足腿节前内侧的前半部生有长毛,后内侧末端生有 3～6 根细毛。后足胫节的后内侧全都生有稠密而末端弯曲的等长细毛,外侧有 3 根长毛,前外侧及前内侧疏生短毛。腹部长卵形,稍扁平,灰黄色,中央有黑色纵线。与葱蝇的主要区别是头部复眼间的距离,足上毛的排列和数目。雌虫体长4～6毫米,体色稍浅,两复眼间的距离为头宽的1/3。中足胫节的前外侧生有1根刚毛,其他特征同雄虫。卵长约1.6毫米,长椭圆形,白色稍透明。老熟幼虫(彩照68)体形蛆状,前细后粗,体长8～10毫米,体宽1.5～2毫米,乳白色稍带淡黄。头部退化,只有黑色的口钩,前气门稍带褐色,尾部截断状,其周围有7对肉质突起,其中第六对与第五对通常等长,第一对在第二对内侧等高的位置上。蛹体长4～5毫米,纺锤形,黄褐色,两端色稍深,体末的7对突起与幼虫相似。

图68 葱地种蝇幼虫(上)和灰地种蝇幼虫(下)

图70 灰地种蝇(种蝇)成虫

42

韭迟眼蕈蚊（韭蛆）

韭迟眼蕈蚊属双翅目眼蕈蚊科迟眼蕈蚊属,学名 *Bradysia odoriphaga* Y. et Z.。幼虫称为韭蛆。在我国北方各地均有发生,主要为害韭菜、洋葱、大葱和大蒜。

【危害与诊断】 幼虫聚集在根部和鳞茎、假茎部危害。初孵幼虫多从韭菜的根状茎或鳞茎一侧逐渐向内蛀食,受害部变褐腐烂(彩照71)。幼虫也蚕食须根,使之成为"秃根"。有时幼虫从近地面的白色的嫩茎部位蛀入,再向下至鳞茎内危害。春秋两季因植株生长旺盛,组织幼嫩,受害严重。每个幼茎或鳞茎常聚集十几头甚至几十头幼虫。地上部叶子发黄、萎蔫、干枯,甚至整株死亡(彩照72,彩照73)。危害大蒜时,还造成鳞茎裂开,蒜瓣裸露,裂口处布满幼虫分泌物结成的丝网,上粘有粪便、土粒等,受害株地上部分矮化、失绿、变软、倒伏。

成虫蚊子状。雄成虫体长 3～5 毫米,黑褐色,头部小,复眼大。触角丝状,长约 2 毫米,16 节,被黑褐色毛。胸部粗壮,隆突。足细长,褐色,胫节端部具 1 对长距及 1 列刺状物。前翅长度为宽度的 1～1.8 倍,膜质透明,后翅退化为平衡棒。腹部细长,8～9 节,腹端宽大,顶端弯突。雌成虫体长 4～5 毫米,与雄虫基本相似,但触角短且细,腹部中段粗大,向端部渐细而尖,腹端具 1 对分为 2 节的尾须。卵椭圆形,细小,乳白色,孵化前变白色透明状。老熟幼虫(彩照74)体长 7～8 毫米,宽约 2 毫米,头、尾尖细,中间较粗,呈纺锤形,乳白色,发亮。头漆黑色有光泽,无足,体节明显,体表光滑无毛,半透明。蛹体长 3～4 毫米,宽不足 1 毫米,长椭圆形,红褐色,近羽化时呈暗褐色,蛹外有表面粘有土粒的茧。

图 71　韭蛆（韭迟眼蕈
蚊幼虫）钻蛀为害

图 72　韭菜地下
部分发生韭蛆后
叶片发黄死亡

44

图74 韭迟眼蕈蚊幼虫（韭蛆）

图73 被韭蛆危害的韭菜田

45

蛴螬

蛴螬是金龟甲的幼虫。金龟甲种类很多,最常见的有华北大黑鳃金龟(*Holotrichia oblita* Fald.)、暗黑鳃金龟(*H. parallela* Mots.)、黑绒金龟(*Maladera orientalis* Mots.)、黄褐丽金龟(*Anomala exoleta* Fald.)、铜绿丽金龟(*A. corpulenta* Mots.)等。金龟甲成、幼虫均可危害各种植物,以蛴螬为害为主,是农作物重要的地下害虫。

【危害与诊断】 蛴螬栖息在土壤中,取食萌发的种子、鳞茎等,造成缺苗,还可咬断幼苗的根,咬伤鳞茎和假茎基部,引起变色腐烂,受害株叶片发黄、萎蔫甚至枯死。蛴螬口器的上腭强大坚硬,咬断植物时断口整齐,可资识别(彩照75,彩照76)。

金龟甲类成虫身体坚硬肥厚,前翅为鞘翅,后翅膜质。口器咀嚼式,触角10节左右,鳃叶状,末端叠成锤状,中胸有小盾片,前足开掘式。幼虫蛴螬型,体白色,柔软多皱,胸足3对4节,腹部末端向腹面弯曲,肛腹板刚毛区散生钩状刚毛,多数种类还着生刺毛列(彩照77,彩照78)。

常见种类华北大黑鳃金龟成虫体长17~21毫米,宽11毫米,长椭圆形,黑褐色,有光泽,前翅表面微皱,肩凸明显,密布刻点,缝肋宽而隆起,另有3条纵肋(彩照79)。蛴螬体长35~45毫米。

暗黑鳃金龟成虫体长16~22毫米,宽7.8~11毫米,长椭圆形,初羽化时红棕色,渐变为红褐色、黑褐色或黑色,无光泽,被黑色或黑褐色绒毛。鞘翅两侧近平行,尾端稍膨大,每侧4条纵肋不明显,腹部腹面具青蓝色丝绒光泽。蛴螬体长35~45毫米。

黑绒金龟成虫体长7~8毫米,宽4.5~5毫米,卵圆形,全体黑色或黑褐色,有天鹅绒闪光,鞘翅略宽于前胸,上有刻点及绒毛,每个鞘翅还有9条纵纹,外缘有稀疏刺毛。蛴螬体长14~16毫米。

黄褐丽金龟成虫体长15~18毫米,宽7~9毫米,全体红黄褐色,有光泽。每鞘翅具3条不明显的纵肋,翅表面点刻密。蛴螬体长25~35毫米。

铜绿丽金龟成虫（彩照 80）体长 15～19 毫米，宽 8～10.5 毫米，背面铜绿色，有金属光泽。头、前胸背板、小盾片色稍深，鞘翅色稍浅，纵肋不明显。体腹面黄褐色，密生细毛。蛴螬体长 30～33 毫米。

图 76　大葱假茎被蛴螬咬食后变色腐烂

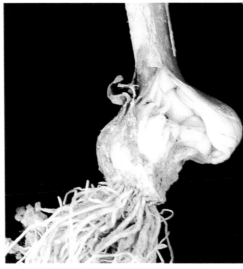

图 75　大蒜鳞茎被蛴螬咬食状

图 79　华北大黑鳃金龟

图 80　铜绿丽金龟

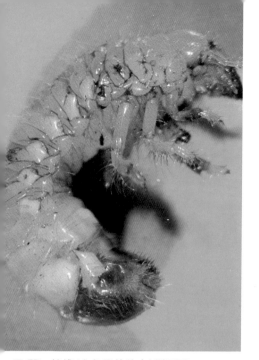

图 77　蛴螬(金龟甲的幼虫)侧面观

图 78　蛴螬背面观

48

金 针 虫

金针虫是鞘翅目叩头甲科幼虫的总称，为我国重要的地下害虫。主要种类有沟金针虫（*Pleonomus canaliculatus* Fald.）、细胸金针虫（*Agriotes fuscicollis* Miwa）等。沟金针虫在有机质缺乏，土质较疏松的砂壤旱地发生较多。细胸金针虫在低洼多湿，有机质含量较高的粘土地带危害较重。

【危害与诊断】　主要以幼虫咬食种子、幼苗、根和地下茎。被害根、茎一侧被咬断，残留另一侧。成虫为叩头甲，虫体长形，略扁，末端尖削，体色暗淡。头小，触角锯齿状，前胸背板后缘两角常尖锐突出，背板腹面有向后方突出的刺，嵌在中胸腹板前方的凹陷内。当虫体受压时，前胸可做叩头的动作。幼虫（金针虫）金黄色或棕黄色，坚硬，光滑，略扁，细而长。

沟金针虫成虫雌雄异型。雌虫体长 16～17 毫米，宽 4～5 毫米，深栗色，密被金黄色细毛。触角 11 节，长度约为前胸的 2 倍。前胸发达，前窄后宽，宽大于长，背面拱圆，密布点刻，中部有细小纵沟。鞘翅纵沟不明显。雄虫体长 14～18 毫米，宽 3.5 毫米，触角 12 节，丝状细长，可达鞘翅末端。鞘翅长为前胸长的 5 倍，上面的纵沟较明显。老熟幼虫（彩照 81）体长 20～30 毫米，宽 4 毫米，全体金黄色，稍扁平，坚硬，有光泽。头前端暗褐色。体背中央有 1 条细纵沟。尾节黄褐色，背面有近圆形的凹陷，密生细点刻，每侧外缘各有 3 个角状突起，体末端分 2 叉，叉内侧各有 1 小齿。

细胸金针虫成虫体长 8～9 毫米，宽约 2.5 毫米，密被灰色短毛，有光泽。头、胸部黑褐色，触角红褐色。前胸背板略呈圆形，长大于宽。鞘翅长约为头胸长的 2 倍，暗褐色，密生黄色细毛，其上有 9 条纵列刻点。老熟幼虫体长约 23 毫米，宽约 1.3 毫米，体细长，圆筒形，全体淡黄色，有光泽。头部扁平，口器深褐色。尾节圆锥形，背面前缘有 1 对褐色圆斑，其下面有 4 条褐色细纵纹，末端有红褐色小突起。

图 81　沟金针虫

蝼　蛄

蝼蛄属直翅目蝼蛄科,常见的有单刺蝼蛄(*Gryllotalpa unispina* Saussure)和东方蝼蛄(*G. orientalis* Burmeister)。蝼蛄是分布很广的重要地下害虫,单刺蝼蛄主要分布于北纬 32°以北广大地区,以黄河流域为多。东方蝼蛄在我国大部分地区均有分布,以南方受害较重。

【危害与诊断】　蝼蛄的成、若虫在土中咬食刚发芽的种子、根、鳞茎及嫩茎,使植株枯死。还可在土壤表层穿掘隧道,咬断根或掘走根周围的土壤,使根系吊空,植株干枯而死亡。

单刺蝼蛄雌成虫体长约 45 毫米,最大可达 66 毫米,雄虫体长约 39 毫米,最大 45 毫米,全体黄褐色。头小,狭长,近圆锥形,触角丝状。前胸背板卵圆形,中央具 1 长心脏形斑,大而凹陷不明显。腹部末端近圆筒形。前足腿节内侧外缘弯曲,缺刻明显。后足胫节背面有刺 1 根,故称单刺蝼蛄,但有的个体刺已消失。

东方蝼蛄成虫雌虫体长约 35 毫米,雄虫体长约 30 毫米,全体灰褐色,密被细毛(彩照 82)。前胸背板中央心脏形斑小而凹陷明显,腹部末端近纺锤形。前足腿节内侧外缘较平直,缺刻不明显,后足胫节背面内侧有刺 3～4 根,其他同单刺蝼蛄。

图82 东方蝼蛄

蟋　蟀

蟋蟀属直翅目蟋蟀科，种类很多，常见的有油葫芦（*Gryllus testaceus* Walk.）和棺头蟀（*Loxoblemmus doenitzi* Stein.）等。蟋蟀成、若虫蚕食植物的叶、茎。

【危害与诊断】　蟋蟀蚕食叶片和茎，先咬成缺刻和孔洞，再将整体吃光。在缺乏食料时，也啃食根部。蟋蟀群集性较强，多于秋季大量发生，低洼、潮湿的地块受害较重。

油葫芦成虫（彩照83）体长26～28毫米，翅长约17毫米，全体黄褐色，头顶黑色。触角丝状尖细，比身体长。前胸背板黑褐色，可见1对模糊的角形斑纹。雄虫光亮的黑褐色前翅长达尾端，后翅发达，露出腹端如长尾。雌虫产卵管明显长于后足，箭状。

棺头蟀成虫体长15～20毫米，翅长9～12毫米，全体黑褐色。雄虫头顶显著向前突出，俗称"棺材头"。前缘弧形黑色，前缘后有1橙黄色或赤褐色横带。前胸背板宽度大于长度，侧板前缘长，后缘短，形成下缘倾斜，下缘前端有1黄斑。前翅长达尾端，后翅细长，露出腹端如长尾，但常脱落仅留痕迹。雌虫头倾斜度小，向两侧突出，前翅达不到尾端，产卵管短于后腿节。

图 83　油葫芦

甜菜夜蛾

甜菜夜蛾属鳞翅目夜蛾科,学名 *Laphygma exigua* Hubner。该虫分布广,寄主种类多,具有暴发性,是多种作物的大害虫。食害大葱,轻者减产 10％～20％,虫口密度大时可能毁产绝收。

【危害与诊断】　大葱、洋葱等葱类蔬菜受害重。1～2 龄幼虫在叶片表面取食(彩照 84),多群集在叶尖或叶片折倒重叠处危害,少数取食直立叶片的青、枯交界处(彩照 85,彩照 86)。3 龄后的幼虫钻入叶筒内危害(彩照 87)。多在距叶尖 1～4 厘米处,叶片上病健交界处或叶片折叠处钻入叶筒。1 个葱叶内有幼虫几头至几十头,在叶内部取食叶肉,残留叶表皮,呈半透明状,并多处出现孔洞(彩照 88)。老龄幼虫常取食半边叶片或将整个叶片截断。

成虫为灰褐色的蛾子,体长 10～14 毫米,翅展 25～33 毫米。前翅中央近前缘的外方有肾形纹 1 个,内方有环形纹 1 个,肾纹大小为环纹的 1.5～2 倍,土红色。后翅银白色,略带紫粉红色,翅缘灰褐色。卵馒头形,直径 0.2～0.3 毫米。老熟幼虫(彩照 89)体长22 毫米,体色变化较大,有绿色、暗绿色、黄褐色、褐色、黑褐色等不同体色。气门下线为黄白色纵带,每节气门后上方各有 1 明显的白点。蛹体长 10 毫米,黄褐色。

图 84 甜菜夜蛾
低龄幼虫在叶片
表面取食

图 85 甜菜夜蛾幼虫在
叶片折倒重叠处危害

53

图86　甜菜夜蛾
幼虫危害的叶尖

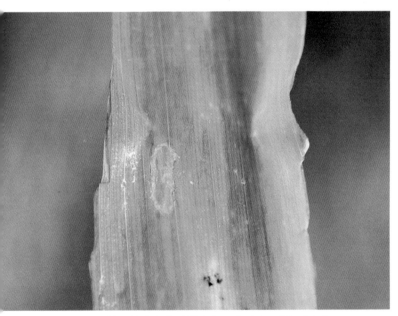

图87　甜菜夜蛾幼虫在叶筒内部取食叶肉，残留叶表皮

图 88 甜菜夜蛾
老龄幼虫取食半
边叶片或将叶片
截断

图 89 甜菜夜蛾幼虫形态

葱须鳞蛾

葱须鳞蛾又称葱小蛾、韭菜蛾,属鳞翅目菜蛾科,学名 *Acrolepia alliella* Sem et Kuzn.。在我国东北、华北、西北等地分布普遍。寄主有大葱、韭菜、洋葱、大蒜等。

【危害与诊断】 该虫以幼虫蚕食叶片,大龄幼虫还可钻入鳞茎蚕食。初孵幼虫一般从叶的尖端部开始啃食,一直到叶的基部。大龄幼虫从心叶钻入鳞茎,叶基部分叉处有虫粪堆积。寄主被害后叶表有一道道沟痕,严重时叶片纵裂破碎,心叶变黄,整株枯萎,老根韭菜和种株菜受害更重。

成虫(彩照90)为黑褐色蛾子,体长4~5毫米,翅展11~12毫米。下唇须前伸并向上弯曲。触角丝状,长度超过体长的一半。前翅黄褐色至黑褐色,后缘外侧有1个三角形的较大白斑,当成虫静息时,两前翅合拢,2个三角形斑合并成1个明显的菱形白斑。该三角形白斑至翅外缘间还有2个近三角形的小白斑,翅前缘从中部到外缘之间有5条浅褐色不明显的斜纹,翅外缘上半部有1个近三角形的深褐色区域,其外缘浅灰色,翅中部色稍浅,中央有1条稍深色的细纵纹,外缘缘毛较长。后翅淡黄褐色,脉纹隐约可

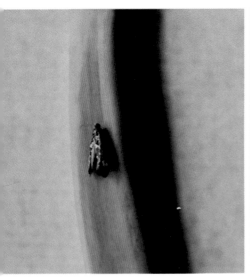

图 90 葱须鳞蛾成虫

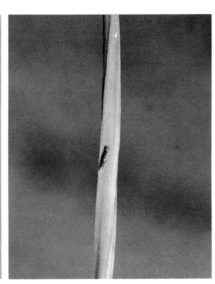

图 91 葱须鳞蛾的茧

见,周边缘毛较长。卵长 0.3～0.5 毫米,长椭圆形,初产时乳白色发亮,后变浅褐色。老熟幼虫体长 8～9 毫米,宽 1～2 毫米,黄绿色至绿色。头尾稍细,中间较粗,头浅褐色。体表有稀疏的短毛。雄性幼虫老熟时,从外面可透见腹部 5～6 节处的紫红色睾丸。蛹体长 6 毫米左右,纺锤形,初期淡褐色,老熟时深褐色,外被白色丝状单层网茧(彩照 91)。

葱斑潜叶蝇

葱斑潜叶蝇属双翅目潜蝇科,学名 *Liriomyza chinensis* Kato。分布相当广泛,凡有葱属植物栽培的地区几乎都有发生。食害大葱、韭菜、洋葱、大蒜等作物,以大葱和韭菜受害最重。

【危害与诊断】 幼虫在葱类植株叶组织中蛀食,形成无固定形状和方向的蛇形潜道,潜道黄白色,道内充满黑褐色虫粪(彩照92)。幼虫多时,虫道互相交错,融合成潜食斑(彩照 93)。幼虫一般不转移危害,但为害小葱时可在一个叶筒内转移,形成一段一段的分散潜道。受害叶片变黄并逐渐枯萎,严重地影响了叶片的光合作用,产量和品质大幅下降。危害韭菜多在韭白和心芽部分,有虫株腐烂枯死。雌成虫用产卵器在葱叶上刺孔,通过刺孔取食汁液。取食孔白色圆形斑点,多沿叶片纵向排列。

成虫体长 2～3 毫米,体宽 1～1.5 毫米。头部黄色,短而宽。复眼大,椭圆形,黑红色,周缘黄色。触角 3 节,黄色,具芒状。胸部黑色,有绿色晕纹,两侧淡黄色。前翅膜质透明,翅脉褐色,后翅退化为平衡棍,黄色。3 对足基节基部黑色,胫节和跗节黄色,跗节先端黑褐色。腹部黑色,节间膜黄色或白色,腹部可见 7～8 节。胸、腹及足表面均布满稀疏刺毛。卵长约 0.3 毫米,长椭圆形,黄白色,产在叶片的叶肉里,产卵孔长椭圆形。幼虫蛆形,体长约 4 毫米,淡黄色,无足。体表光滑、柔软,体末端背面有后气门突 1 对。体壁半透明,透过体壁隐约透见内脏。初孵幼虫乳白色,取食后渐变黄白色至黄色(彩照 94)。蛹长约 3 毫米,宽约 1 毫米,褐色,略呈纺锤形,后部略粗,全体稍扁。前端可见 2 个前气门,后端可见 1 对气门突。

图 92　葱斑潜叶蝇的危害状

图 94　葱斑潜叶蝇幼虫(在右上方)和潜道

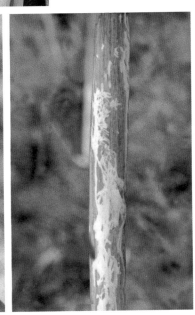

图 93　葱斑潜叶蝇的潜食斑

葱蓟马

葱蓟马属缨翅目蓟马科,学名 *Thrips tabaci* Lindeman。广泛分布于南北各地,除大葱、大蒜、韭菜、洋葱、水葱、香葱外,还危害棉花、烟草、瓜类、马铃薯、番茄、甘蓝、甜菜等 30 多种农作物。

【危害与诊断】 　葱蓟马以锉吸式口器先锉破寄主表皮,再用喙吸收植物汁液。多危害叶片、叶鞘和嫩芽。被害处形成黄白色斑点(彩照 95),数量多时,黄斑密集成大型长斑,叶子逐渐发黄萎蔫(彩照 96)。严重时,被害叶片生长畸形,扭曲不正,甚至枯萎死亡。

图 95 葱蓟马
在叶片取食留
下的小白点

图 96 葱蓟马取食
形成的大型长斑

葱蓟马有卵、若虫、拟蛹和成虫等虫态。成虫体长1～2毫米，宽0.2毫米，褐色，细长扁平。头近方形，口器锉吸式，触角7节，与体同色，念珠状。单眼3个，排成三角形。前胸背板近方形，2对翅膀细而狭长，顶端尖锐，全翅周缘有长缨毛，前翅有2脉，后翅1脉。足末端有泡状中垫，爪退化。腹部近纺锤形，末节为圆锥形，腹面有锯状产卵器，尖端向下弯曲。卵长约0.3毫米，初期肾形，乳白色，后期卵圆形，黄白色，可见红色眼点。若虫共4龄。1龄体长0.3～0.6毫米，触角6节，第四节膨大呈锤状，体色浅黄白色。2龄体长0.6～0.8毫米，橘黄色，触角前伸，未见翅芽，性活泼，行动敏捷。3龄体长1.2～1.4毫米，触角向两侧伸出，翅芽明显，伸达腹部第三节。4龄体长1.2～1.6毫米，触角伸向背面，体色淡褐，不食不动，亦称拟蛹。

大青叶蝉

大青叶蝉属同翅目叶蝉科，学名 *Tettigella viridis* (L.)。各地都有发生，是多种农林植物的重要害虫，葱、蒜、韭菜田常见，危害轻。

【危害与诊断】 大青叶蝉的成虫在植株茎秆皮下组织内产卵，使茎秆受损，且成虫和若虫在叶片上刺吸汁液，使叶片褪绿、变黄，严重时畸形卷缩。

大青叶蝉是有跳跃能力的小型昆虫，体细长，成虫（彩照97）体长7～10毫米，全体青绿色。头部橙黄色，触角鬃状，复眼黑褐色，有光泽，头部背面有2个单眼，两单眼间有2个多边形黑斑点。前胸背板前缘黄色，其余为深绿色；前翅蓝绿色，末端灰白色，半透明；后翅及腹部背面烟熏色；腹部两侧、腹面及胸足均为橙黄色。老熟若虫体长6～7毫米，初孵化时灰白色，稍带黄绿色。头大腹小，胸腹背面有不显著的条纹。3龄以后体色转为黄绿，胸、腹背面具明显的4条褐色纵列条纹，并出现翅芽。

图 98　斑须蝽成虫

图 97　大青叶蝉的成虫

斑须蝽

斑须蝽属半翅目蝽科,学名 *Dolycoris baccarum* (L.)。国内各地均有分布。该虫为多食性害虫,取食豆类、谷类、蔬菜、棉、麻、果树、林木等。葱、蒜、韭菜田可见,危害轻。

【危害与诊断】　以成、若虫刺吸嫩叶和花蕾,严重时使叶片发黄和皱缩。

成虫(彩照 98)体长 8～13.5 毫米,宽约 5 毫米,黄褐色或紫褐色,密布黑色小刻点和黄白色细绒毛。复眼小,红褐色,触角 5 节,各节基部淡黄色,其余部分黑色,形成黑黄相间。小盾片三角形,端部钝而光滑,黄白色。前翅革片淡红色至暗红褐色,膜片黄褐色透明,足黄褐色,散生黑点。腹部腹面黄褐色或黄色,具黑色点刻。

葱黄寡毛跳甲

葱黄寡毛跳甲属鞘翅目叶甲科,学名 *Lupeiomorpha suturalis* Chen.。成虫和幼虫危害韭菜、大蒜和葱类,近年发生增多。

【危害与诊断】 成虫以取食叶片为主,使被害叶片出现缺刻和孔洞,幼虫集中或分散栖息于根部,取食须根,使须根残破或脱落,根部受害后,叶片变黄凋萎,甚至枯死。

成虫(彩照 99)体长约 4 毫米,长卵形,棕红色,头部黑色,中胸及后胸的腹面和触角中上部棕黑色,鞘翅周缘色深或黑色。雄虫触角极长,约达鞘翅末端。前胸背板宽大于长,有细小刻点,中部两侧各有 1 个浅凹陷,两侧边缘直。鞘翅两边缘平行,表面具粗且深的刻点。幼虫体长约 1 毫米,黄白色,略扁稍弯。头黄褐色,头上有黑色弧形斑。胸部 3 节、腹部 8 节,中胸和腹部各节各具 1 对环状气门,腹部各节腹面均具 1 对突起。蛹为离蛹,白色。

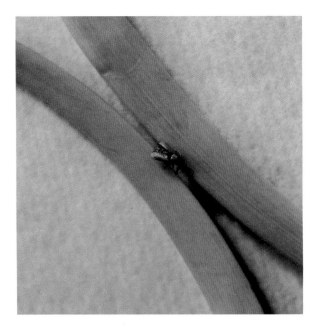

图 99 葱黄寡
毛跳甲成虫

蒜萤叶甲(韭萤叶甲)

蒜萤叶甲属鞘翅目叶甲科,学名 *Galeruca reichardti* Jacobson。分布于辽宁、吉林、黑龙江、河北、山西、山东、甘肃、新疆、陕西和四川等地,是大蒜、韭菜和大葱的重要害虫。

【危害与诊断】 成、幼虫蚕食寄主叶片、假茎、花茎等部分,受害轻时叶片出现缺刻或孔洞,严重时茎叶残破不堪,甚至被吃光。又因食量大,粪便多,还会污染植株。

成虫(彩照100)体长 9～11 毫米,宽约 6 毫米,深黄褐色,卵圆形,端部稍宽,体表密布小刻点。复眼圆形,黑色。触角线状,12 节,长度不及鞘翅中部。前胸背板宽度为长度的 2.5 倍,前缘凹陷,两侧缘向外拱突,小盾片大,半圆形。前胸背板和鞘翅边缘稍向上翘起。后翅较大,膜质。雌虫臀板露出翅外。卵细小,短圆柱形,黑褐色,聚产成块。老熟幼虫体长约 13 毫米,深灰褐色,近纺锤形,稍弯向腹部。头黑色,坚硬有光泽,其上有 20 多根刚毛。胴部 12 节,每体节有毛瘤 10～16 个,每瘤有 6～8 根毛。有 3 对胸足,无腹足。

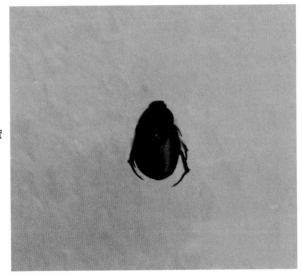

图 100 蒜萤
叶甲成虫

绿圆跳虫

绿圆跳虫属弹尾目圆跳虫科,学名 *Sminthurus viridis annulatus* Folsom。绿圆跳虫以咀嚼式口器蚕食葱属植物的根部、假茎基部和嫩叶,主要在植株的中、下部活动。在北方有些地区,对大蒜的危害仅次于根蛆、韭蛆和葱蓟马。

【危害与诊断】 绿圆跳虫咬食须根,使之断落,变为秃根。咬食假茎基部,有时诱发该部位生出细弱小叶,但不易成活(彩照101)。啃食嫩叶叶片一面,残留另一面,数量多时,啃食部位连片,呈网斑状或薄膜状,易破裂成孔洞,严重的叶面破碎。

跳虫类昆虫属低等微小昆虫,成虫与幼虫无明显差异,成虫也有蜕皮现象,成、幼虫不易区分。

成虫体长2毫米,宽1毫米,略呈圆球形,鲜绿至土褐色。口器咀嚼式,下口式,柱形,隐藏于头的下方。复眼黑色球形,无单眼。触角4节,线状,长度大于头部。胸部较小,与腹部愈合。足3对,胫节与跗节不易区分,末端有1爪。腹部隐约可见3节,第一节粗大,其腹面前部有一末端向外翻卷的管状物(粘管),后部有一末端分叉的握钩。腹部后2节较小,腹面有1弹器,呈管状,末端有分叉,总长短于腹部,弹器常弯向前方,夹持在握钩上,跳跃时,由于肌肉的伸张,弹器猛向下方弹击物面,使身体跃入空中,向前跳跃,故称跳虫。体表有稀疏短毛。卵呈圆至椭圆形,暗灰褐色,产于假茎基部叶鞘处,也可成堆产于土中,不易被发现。

图101 绿圆跳虫咬食的须根和假茎基部

印度谷螟

印度谷螟属鳞翅目斑螟科害虫,学名 *Plodia interpunctella* (Hubner)。在我国发生相当普遍,危害贮藏蒜头。该虫食性很杂,几乎可以危害所有的植物性贮藏物,是重要的仓贮害虫。

【危害与诊断】 印度谷螟的幼虫蛀食蒜头,通过蒜皮蛀入蒜瓣,在蒜瓣上造成缺刻和孔道。幼虫吐丝,将蒜头连同虫粪、幼虫蜕掉的皮壳和咬碎的蒜头皮屑等连缀在一起,形成豆沙馅状的网茧,虫体藏匿其中取食危害(彩照 102)。最后蒜头可能被蛀空,残留蒜瓣变褐色,软化干缩。

雄成虫体长 5～6 毫米,翅展 14 毫米,雌虫体长 5～9 毫米,翅展 13～16 毫米。头部灰褐色,腹部灰色白。触角丝状,几乎与体长相当。前翅细长,基部 2/5 部分为浅灰色,端部 3/5 部分为棕褐色、发亮,棕褐色部分距外缘 2/5 处中央有 1 个红褐色圆点。后翅灰白色,有暗灰色缘毛,翅脉上有隐约的黑纹。卵(彩照 103)长 0.3 毫米左右,椭圆形,乳白色,一端稍尖,另一端稍凹,表面粗糙,有颗粒状饰纹。

图 103　印度谷螟的卵　　　　　图 102　印度谷螟幼虫蛀食蒜头

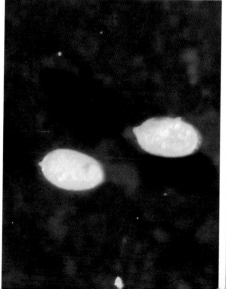

老熟幼虫体长 10～13 毫米,圆筒形,中部稍膨大,乳白色稍带淡黄色,腹部背面浅粉红色。头部黄褐色,前胸盾、臀板、气孔、足为淡黄褐色。雄性胴部第八节背面可透见 1 对紫红色斑（睾丸）。蛹体长 6 毫米,细长,橙黄色,背部稍带淡褐色,前翅部分稍带黄绿色。复眼黑色。腹部常弯向背面,腹末着生尾钩 8 对,其中以末端背面的 2 对最长。

仓　潜

仓潜为鞘翅目拟步甲科害虫,学名 *Mesomorphus villiger* Blanch。危害贮藏蒜头,严重降低贮蒜品质。

【危害与诊断】　成虫为黑褐色无光泽的小甲虫,体长 6.5～7 毫米,体宽 2.5～3 毫米,躯体长筒形,两侧略平行,生有稀疏的紧贴体表的灰黄色毛,两鞘翅上的毛各排列成 3 行。触角扁,有 8～10 节。前胸两侧突出,宽度为长度的 2 倍,表面密生小刻点。鞘翅长度为宽度的 4 倍,鞘翅宽接近前胸宽度。老熟幼虫褐色至黑褐色,体长 8～10 毫米(彩照 104)。

幼虫由蒜头的托盘边缘开始,蛀成比虫体稍宽的凹槽,然后向托盘中部取食,使托盘脱落,蒜头散瓣(彩照 104)。幼虫还蛀食蒜头的中柱。成虫取食腐烂的蒜肉。

图 104　仓潜幼虫蛀食蒜头

伯氏噬木螨

伯氏噬木螨属真螨目粉螨科,学名 *Caloglyplus berlesel Michael*。危害贮藏蒜头以及多种植物性贮藏物,也能传播人类疾病。

【危害与诊断】 幼螨、若螨和成螨都取食蒜肉。多从蒜头基部托盘或伤口处开始取食,逐渐扩大取食面,受害蒜瓣出现许多沟痕和凹陷(彩照 105)。整个蒜瓣变成一团碎屑和虫粪,还流出汁液(彩照 106)。发螨量大时,引起大蒜大量霉烂。该螨还可在发霉的蒜头上取食霉状物。

伯氏噬木螨有卵、幼螨、若螨、休眠体和雌、雄成螨等虫态。虫体乳白色,光亮,有透明感(彩照 107)。雌成螨短椭圆形,体长约 1毫米,宽 0.6 毫米;雄成螨体型较狭小,卵圆形,但前部锐尖。

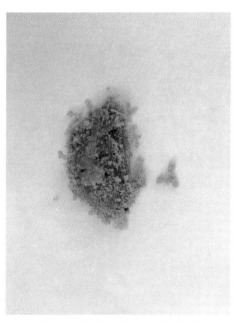

图 106　伯氏噬木螨食害的蒜瓣,布满碎屑和虫粪

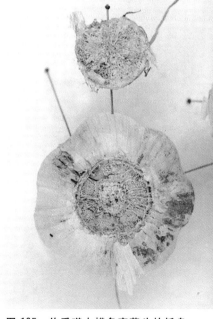

图 105　伯氏噬木螨危害蒜头的托盘

67

图 107　伯氏
噬木螨虫体

根　螨

为害大蒜和葱类的根螨主要有大蒜根螨（*Rhizoglyphus allii* Bu et Wang）和罗宾根螨（*Rhizoglyphus robini* Claparede），都属真螨目粉螨科。大蒜根螨与罗宾根螨常混合发生，也常与根蛆、韭蛆等混合发生。

【危害与诊断】　两种螨以成、若螨食害植株的根部、假茎、鳞茎。常使根部受损，严重的造成须根脱落。食害假茎或鳞茎时，一般从茎盘边缘开始，扩散为害，造成伤口，使之软化、腐烂、发臭（彩照108）。外层叶鞘和叶片首先腐烂，然后向内层叶鞘发展。苗期受害轻，在鳞茎膨大期受害重。受害植株地上部生长缓慢，下部叶片呈黄化、干枯，继而上部叶片陆续变黄，严重时整株枯黄死亡。两种螨还可在仓库内危害蒜头和洋葱头，使之出现缺刻和凹陷，严重时也可引起腐烂发臭。

根螨有卵、幼螨、若螨、休眠体和雌、雄成螨等多个虫态。虫体微小，成螨体长约0.5毫米，卵圆形，白色至黄白色，体壁柔软发亮（彩照109）。

图 108　根螨危害大蒜假茎基部，引起腐烂　　图 109　根螨危害大葱假茎，小白点为螨体

蜗　牛

　　蜗牛是软体动物，常见种类有同型巴蜗牛（*Bradybena similaris similaris* Ferus.）和灰巴蜗牛（*B. ravida ravida* Bens.）。蜗牛为多食性动物，危害蔬菜、棉、麻、甘薯、谷类等多种作物，韭菜田发生普遍而严重（彩照110）。

　　【危害与诊断】　幼小时仅取食叶肉，残留叶表皮或吃成小孔洞，稍大后用唇舌刮食叶片，造成大的孔洞和缺刻。严重时可将叶片吃光或将小苗咬断。

　　同型巴蜗牛（彩照111）蜗壳扁球形，高12毫米，宽16毫米，有5～6层螺纹，壳质较硬，黄褐色或红褐色。蜗壳的螺旋部低矮，蜗层较宽大，周缘中部常有1条暗褐色带。壳口马蹄形，脐孔圆孔状。壳内身体柔软，头部发达，有2对可翻转缩入的触角，前触角较短小，有嗅觉功能，后触角较长大，顶端有眼。身体两侧有左右对称的足。

　　灰巴蜗牛（彩照112）蜗壳比同型巴蜗牛高大，近圆球形，高19毫米，宽21毫米，黄褐色或琥珀色，壳顶尖。壳口椭圆形，脐孔缝状。蜗内身体与同型巴蜗牛相似。

69

图 111　同型巴蜗牛形态

图 112　韭菜叶片上的灰巴蜗牛幼贝

图 110　蜗牛群集于韭菜田

三、病害防治

紫 斑 病

【发生规律】 在冬季较寒冷地区,紫斑病菌在病株上越冬或者以菌丝体在田间病残体内越冬,翌年春季越冬病菌产生分生孢子,借气流和雨水传播,接触并侵入葱类叶片。在冬季较温暖地区,病菌的分生孢子得以周年在田间葱类作物上持续发生。紫斑病菌由叶片的气孔、伤口侵入,也可直接穿透叶表皮而侵入。分生孢子萌发和侵入需要叶面有露水并保持足够的湿润时间,发病最适温度为 25℃～27℃,12℃以下不适于发病,因而在高温多雨的夏季发病重,梅雨和台风时期病害蔓延很快。阴湿多雨的地区或年份往往大流行。缺肥地块,尤其是中后期脱肥时,植株生长势减弱,抗病性降低,发病加重。沙性土壤和易旱地块发病早而重。不同品种间发病程度有差异,红皮洋葱叶面蜡质层较厚,发病较轻,而黄皮和白皮洋葱叶面蜡质薄而少,发病较重。

【防治方法】

(1)**栽培防治** 选用抗病或轻病品种。重病地与非葱类作物轮作。及时清除田间病残体,收获后深耕。育苗地和栽植地应平坦肥沃,排水方便。实行健身栽培,施足基肥,适时追肥,以氮为主,氮磷钾平衡施用,防止生长后期脱肥。

(2)**药剂防治** 在苗期或发病初期喷药防治。有效药剂有58%甲霜灵·锰锌可湿性粉剂 800 倍液,70%代森锰锌可湿性粉剂 600 倍液,50%扑海因可湿性粉剂 1 500 倍液,75%百菌清可湿性粉剂 600 倍液等。间隔 7～10 天喷 1 次药,连续喷 2～3 次。

黑 斑 病

【发生规律】 以子囊座随病残体在土壤中越冬,以子囊孢子进行初侵染,分生孢子进行再侵染。孢子随气流和雨水传播,孢子萌发后产生侵染菌丝,经气孔、伤口或直接穿透叶表皮而侵入。发病适温 23℃～28℃,低于 12℃或高于 36℃不适于发病或发病缓慢。产孢需有 85％以上的湿度,萌发和侵入都需有水膜存在。温暖多湿的季节发病重。田间不洁,遗留病残体多,施用未腐熟有机肥、连茬、土壤粘重、低湿积水等都有利于黑斑病发生。

【防治方法】

(1)**栽培防治** 重病田应实行轮作,最好与谷类作物进行 3 年以上轮作。清洁田园。定植前将前茬枯株落叶清除干净。育苗期清除病、弱苗,定植后在发病早期及时摘除老叶、病叶或拔除病株,以减少菌源。加强栽培管理,培育无病壮苗,严防病苗入田。使用腐熟有机肥,配方施肥,避免偏施氮肥。高温阶段切勿大水漫灌。

(2)**药剂防治** 在发病初期用 50％扑海因可湿性粉剂 1 500 倍液,64％杀毒矾可湿性粉剂 500 倍液,14％络氨铜水剂 300 倍液,58％甲霜灵·锰锌可湿性粉剂 800 倍液,75％百菌清可湿性粉剂 600 倍液或 70％代森锰锌可湿性粉剂 600 倍液喷雾,每 10 天喷 1 次,连喷 2～3 次。

霜 霉 病

【发生规律】 田间病残体中的病菌卵孢子和鳞茎中的潜伏菌丝体为主要初侵染菌源。卵孢子在土壤内病残体中可存活数年。葱类种子中有菌丝体潜伏,种子表面也可粘附卵孢子,但带菌种子能否传病尚未有定论。越夏或越冬的卵孢子以及鳞茎传带的菌丝体都能侵染幼苗,形成系统侵染病株。秋播葱苗染病后,菌丝在秋冬季节随生长点在体内蔓延,2～3月间即出现系统侵染症状。病部陆续产生病原菌的孢囊梗和孢子囊。孢子囊随风雨和昆虫传播,接触叶片,在叶面水滴中萌芽,产生芽管,由气孔侵入,形成局部侵染。叶片和叶鞘发病部位的病菌向基部蔓延,引起鳞茎感染,孢子囊随雨水降落在土壤中也能侵染鳞茎。在适宜条件下可发生多次再侵染,形成大流行。

凉爽高湿的天气有利于病原菌发育和病害发生。气温15℃左右,降雨较多时最有利于发病。4月中旬至5月上旬(东北地区5～6月份)持续阴雨或经常出现重露大雾时,霜霉病可能大流行。地势低洼、大水漫灌、密植和生长不良的地块发病尤重。夏季温度高,发病受抑制。秋季发病程度也与雨量成正相关,灌水失当也诱使发病加重。秋季病重田块,翌年春季发病也重。

【防治方法】

(1)**栽培防治** 选用抗病或轻病品种。假茎紫红、叶管细、蜡粉厚的大葱品种发病较轻。红皮洋葱较抗病,黄皮的较感病,白皮的易感病。

发病地避免连作,实行3～4年轮作。保持田园卫生,收获后彻底清除病残体,及时深耕。选择地势平坦、排水方便的肥沃壤土做苗床和栽植地。雨后及时排水,土壤湿度高时,浅中耕散墒。合理密植,加强肥水管理,定植时淘汰病苗,早期拔除田间系统侵染病株,携出田外烧毁。

(2)**药剂防治** 苗期和发病初期喷药防治。常用药剂有58%甲霜灵・锰锌可湿性粉剂500～700倍液,64%杀毒矾可湿性粉剂500倍液,25%甲霜灵可湿性粉剂800倍液,普力克72.2%水剂800倍液或72%克露可湿性粉剂800倍液等,每10天喷1次,连喷2～3次。为了增加粘着性,每10千克药液可加中性洗衣粉5～10克。

锈 病

【发生规律】　在温暖地区可周年发生,病原菌的夏孢子随气流和雨滴飞溅传播,在葱属蔬菜间辗转危害。冬季寒冷地区主要以菌丝和夏孢子堆在越冬大蒜、留种大葱植株上越冬。冬季天暖多湿时仍能生长和侵染,但症状表现所需时间较长,发病率较低。有些地方,病原菌的夏孢子还可以在田间植物残体上越冬存活。春季气温回升后,越冬植株上产生新一代夏孢子,随风雨传播,侵染邻近植株和附近田块,在田内出现发病植株集中的区域,即"发病中心",成点片状分布。在整个春季能多次侵染,黄河中下游3月至4月上旬病株率和病叶率缓慢上升,4月中旬以后,气温和湿度适宜,病情增长很快,由点片发生发展到全田普发,进入主要危害期。夏季高温,以菌丝体在病叶内越夏。秋季又陆续侵染,再度流行。植株密度大,偏施水肥,田间郁蔽,或者地势低洼,易于积水等都有利于锈病流行。品种间抗病性有明显不同。

【防治方法】

(1)栽培防治　选用抗病品种,淘汰高度感病品种,避免葱属蔬菜连作或间作套种。加强水肥管理,增强植株生长势和抗病能力。雨后及时排水,降低田间湿度。发病严重田块适时早收。

(2)药剂防治　早春查找发病中心,喷药封锁,以后视病势发展和降雨情况,及时喷药。有效药剂有25%三唑酮可湿性粉剂2 000~3 000倍液(或每公顷用药600克),50%萎锈灵乳油800~1 000倍液,65%代森锰锌可湿性粉剂400~500倍液等。三唑酮(粉锈宁)和其他三唑类内吸杀菌剂效果好,持效期长。

灰 霉 病

【发生规律】　灰霉病菌随发病寄主越冬或越夏,也可以菌丝体和菌核在田间病残体上与土壤中越夏或越冬,成为侵染下一季寄主植物的主要菌源。

在温湿度适合时,越季菌丝体产生分生孢子,分生孢子随风雨传播,接触植物体后,主要由伤口侵入,也可直接穿透表皮而侵入。菌核萌发产生菌丝体直接侵入,或产生孢子后再侵入植物。菌核和病株带菌残屑也可混杂在种子间,随种子调运而传播。生长期中病株产生分子孢子随气流、灌溉水和农事操作而分散,引起多次重复侵染。

冷凉、高湿的环境条件最有利于灰霉病的发生。18℃～23℃有利于灰霉菌生长、孢子形成、孢子萌发和发病,但是在低温(0℃～10℃)下病原菌仍然活跃。在适宜的温度下,湿度和降雨情况是灰霉病流行的关键因素。

冬春季保护地栽培韭菜,特别是塑料棚栽韭菜,多采用密闭保温措施,棚内高湿,空气相对湿度达 95%以上,棚端滴水,叶面结露,加之光照不足,温度适宜,非常有利于灰霉病发生,使灰霉病成为棚栽韭菜最严重的病害,初春即可达发病高峰期。防治不及时可能毁棚。

露地韭菜和葱类秋苗期即可被侵染,冬季病情发展缓慢,春季再度蔓延并达到发病高峰。冬春季阴雨天多,降水量大发病重。早春降雨情况决定侵染菌量高低,而 4～5 月份雨天数往往是影响大面积流行的关键因素。

连作田和田间卫生状况不良,遗留有较多病残体的田块,菌源量大,发病早而重。凡是能提高田间湿度和不利于植株健壮生长的因素都有利于灰霉病发生。土壤粘重,排水不良,灌水不当,过度密植,偏施氮肥,植株衰弱,伤口、刀口愈合慢等情况都能导致发病加重。

洋葱贮藏期灰霉病菌源主要来自田间发病和带菌的鳞茎。另外,贮藏加工场所附近堆积的病残体、腐烂葱头以及库房内孳生的灰霉菌也是重要侵染菌源。洋葱收获期遇雨或收获后没有晾干,贮藏期间湿度高都加重鳞茎腐烂。

【防治方法】

(1) **栽培防治** 选用抗病或轻病品种。韭菜品种间发病程度有明显差异,中韭 2 号、克霉 1 号、791、寒冻韭、竹杆青、铁苗、黄苗等品种发病较轻。洋葱黄皮种、红皮种比白皮种抗病。

合理栽培,病地应实行轮作,收获后要彻底清除病残体。韭菜扣棚前,也应清除田间病残体,每次收割韭菜时都应把清出的病叶携出销毁。多雨地区可推行垄栽和高畦栽培,雨季及时排水,防止田间积水。加强田间管理,实行健身栽培。韭菜在夏秋季要养好根,以提高抗病能力。扣棚后控制好温湿度,采取一切措施降低棚内湿度,例如升温降湿,适时通风换气,适当控制浇水,勤中耕,松土散湿等。

洋葱鳞茎适时收获,充分晾晒,待鳞茎外部干燥后再贮藏。贮藏时严格淘汰病鳞茎和破损受伤鳞茎。贮藏环境应保持在 0℃和相对湿度 65% 左右。

(2) **药剂防治** 发病初期开始喷药防治,有效药剂有 50%速克灵可湿性粉剂 1 000~1 500 倍液,50%扑海因可湿性粉剂 1 000~1 500 倍液,70%代森锰锌可湿性粉剂 500~800 倍液,50%多菌灵或 50%甲基硫菌灵可湿性粉剂 500 倍液,75%百菌清可湿性粉剂 600 倍液等。

炭 疽 病

【发生规律】 病原菌随病残体在田间越冬,也可随病鳞茎越冬。生长季节中随风雨传播,多次重复侵染。发病温度 4℃~34℃,适温 26℃左右,多雨年份,特别是鳞茎生长期暴风骤雨多的年份,发病较重。低洼地、排水不良地块病重。

【防治方法】 重病田应与非葱类作物轮作,栽培抗病品种。在发病初期和雨季前喷药。有效药剂有 50%甲基托布津可湿性粉剂 600 倍液,75％百菌清可湿性粉剂 600 倍液,80％炭疽福美可湿性粉剂 500 倍液和波尔多液（1：1：160～240）等。

白 腐 病

【发生规律】　病原菌以菌核在土壤中越夏或越冬,可在土壤中长期存活,并随土壤、灌溉水、有机肥以及病残体传播。病种蒜以及混有病田土壤或病残体的种蒜是田间发病的病菌来源且能远距离传病。菌核在 6℃以上萌发,产生菌丝,侵染葱属蔬菜根部和假茎基部。发病适温 10℃～20℃,低温高湿的条件适于发病,多雨或大水漫灌时病重。一般春末夏初病势发展较快,夏季高温期病情增长缓慢。多年连作葱属作物,地势低洼、长期积水和缺肥的地块发病重。

【防治方法】

（1）栽培防治　不从发病地区调种,病田蒜头不作种用。严防随种蒜传入无病地区和无病田块。另外,15％粉锈宁可湿性粉剂,70％甲霜铝铜可湿性粉剂,75％百菌清可湿性粉剂,50％甲基硫菌灵可湿性粉剂或 50％多菌灵可湿性粉剂等用蒜瓣重 0.3％的药量拌种,防治大蒜白腐病效果也好,但有时多菌灵拌种对蒜苗生长有一定抑制作用。

避免葱属蔬菜连作,可与禾本科、十字花科、茄科、葫芦科等非寄主植物行 2～3 年轮作。

初发病地块在未形成菌核前将病株连根拔出,移出田间烧毁或深埋。病株周围的土壤也需挖走深埋,补以无菌土壤。老病区田间病残体也要集中销毁,病田要深翻。

（2）药剂防治　发病初期用 50％多菌灵可湿性粉剂 500 倍液,50％甲基硫菌灵可湿性粉剂 600 倍液,20％甲基立枯磷乳油 1 000 倍液或 75％蒜叶青可湿性粉剂 1 500 倍液喷雾。也可用 50％扑海因可湿性粉剂 1 000～1 500 倍液灌根,或用 75％蒜叶青可湿性粉剂 1 000~1 500 倍液喷淋灌根,每隔 10 天 1 次,连用 2 次。

小粒菌核病

【发生规律】 病原菌主要以菌核随病残体在土壤中越冬或越夏,春、秋在降雨或高湿条件下,菌核产生子囊盘,并放射子囊孢子传染植株。带菌的土杂肥也能传病。发病适温 15℃,在 20℃以上发病受抑制,春季和秋季多雨年份发病重。连作地块,低洼易涝地块,土壤酸性、粘重、透水性差的地块发病趋重。氮肥施用过多,植株易感病。

【防治方法】 清除田间病残体,深耕土地,不用病残体堆制土杂肥。发病严重的田块不种葱类和大蒜,合理轮作。加强栽培管理,平衡施肥,避免氮肥施用过多,强酸性土壤需施石灰。雨后田间及时排水,灌溉时适量浇水,不可大水漫灌。发病初期及时用菌核净、速克灵等药剂对水喷施或灌浇。防止大蒜发病还可用速克灵等药剂拌蒜种。

软 腐 病

【发生规律】 病原菌能在病残体和土壤中长期腐生,也能在鳞茎中越冬。带菌的病残体、土壤以及种用鳞茎是主要初侵染来源,病原菌还可通过雨水、灌溉水、带菌肥料、土壤、昆虫等多种途径传播,由伤口侵入,不断再侵染。连作地,低洼地,栽培管理粗放、地下害虫严重的地块发病重。田间积水、土壤含水量高、高温多雨时病重。收获期降雨多、鳞茎带泥土、潮湿、在贮运期容易发病。

【防治方法】 病田避免连作,换种豆类、麦类作物。精细整地,清除病残体,施用净肥,避免大水漫灌,雨后及时排水,降低土壤湿度。防治种蝇等害虫,减少虫伤口。发现病株及时拔除,病穴撒石灰消毒。收获前 1 周停止浇水。在晴天收获,收获后鳞茎充分晾晒,在通风处贮藏。发病初期用硫酸链霉素、新植霉素或敌克松等药剂灌根或对植株基部喷施。

防治蒜田软腐病,应选用无病蒜种,种蒜去除须根保存过夏。播前用硫酸链霉素溶液浸蒜种 24 小时,每千克蒜种用药 200 毫克,浸后晾干播种。

根结线虫病

【发生规律】　南方根结线虫以卵和幼虫在土壤与病残体中越冬。若有适宜寄主,可周年为害。线虫随带虫土壤、菜苗、植株残体、未腐熟农家肥以及灌溉水、农机具等传播。2 龄幼虫侵入寄主植物新根,引起发病。

茄果类、瓜类、芹菜、胡萝卜、莴苣等蔬菜发生最重。若上茬发生重,则下茬大蒜、葱类等可能有较多发生。沙质土壤发生重,粘性土壤发生较轻,土壤间湿间干对线虫有利。

【防治方法】　检查上茬蔬菜发虫情况,发虫重的田块不宜继续种植葱蒜以及其他蔬菜。特别严重的田块需施用杀线虫剂或行土壤熏蒸。

葱苗立枯病

【发生规律】　病原菌可以在土壤中和病残体中越冬或越夏,在土壤中可以存活 2~3 年。在适宜的条件下,病原菌直接侵入幼苗。病原菌可随雨水、灌溉水、农机具、土壤和带菌有机肥传播蔓延。土壤带菌多,湿度高,幼苗徒长时发病重。苗床低湿,种植过密,通风不良,光照不足有利于发病。

【防治方法】　发病地不宜用作苗床。育苗地要精细整地,施用不带病残体的腐熟基肥。加强苗期管理,保持土壤干湿适度,适时放风透气,及时除草、间苗。

必要时用福尔马林稀释液、五氯硝基苯、福美双或代森铵处理苗床土壤。

苗床出现少量病苗后，要及时拔除，并喷药保护，防止病害蔓延。常用药剂有代森锰锌、百菌清、多菌灵、甲基硫菌灵等。

葱类球腔菌叶斑病

【发生规律】 病原菌随病残体越冬，侵染下一季作物。管理粗放，田间遗留病残体多，发病也较多。植株遭受冻害后或缺肥，长势弱时发病重。比较凉爽而湿润的天气适于发病，生育后期多雨，病情有明显增长。

【防治方法】 搞好田间卫生，清除病残体。加强水肥管理，培育壮苗，提高植株抵抗力。通常不需采取特别的药剂防治措施，高感品种发病较早时，可在防治紫斑病时予以兼治。

葱类黄矮病

【发生规律】 传毒介体昆虫为蚜虫（桃蚜、棉蚜等）。苗期高温、干旱，有翅蚜迁飞多，附近有葱类毒源植物，则发病早而重。春季早播病轻，晚播病重。带毒葱苗和鳞茎也能传病。

【防治方法】 不在葱类采种地或葱类栽植地附近育苗。春季育苗要适当早播，育苗期间若遇到蚜虫迁飞，应在苗床上覆盖尼龙纱或白塑料纱网避蚜。育苗期和栽苗前拔除病株，苗期喷杀虫剂防蚜。不栽植带毒葱苗和鳞茎。加强检查，严防病毒由发病地区传入无病区。

葱类和韭菜花茎枯腐

【发生规律】 韭菜和葱类花茎和花序发病的菌源来自茎叶，

系多次再侵染所致。茎叶发病重的田块,病原菌数量多,若花期多雨高湿,花茎和花序发病也重。

【防治方法】 防止和减少花茎发病,首先要切实搞好早期茎叶部的病害防治,减少再侵染菌源。发病重的田块要及早喷药保护花茎和花序。

洋葱鳞茎病害

【发生规律】 洋葱鳞茎发病的菌源来自田间或贮运场所。灰霉病和细菌性软腐病多由叶片和假茎发病蔓延到鳞茎。干腐病在田间即可发生,近成熟期鳞茎的须根,被土壤中的镰刀菌侵染而发病,以后扩展到茎盘和鳞片底部,贮运期间病情进一步发展。匐柄霉在田间引起茎叶发病,收获时鳞茎可粘附大量病原菌分生孢子。另一方面,青霉菌、灰霉菌、镰刀菌、匐柄霉和软腐细菌的寄主种类很多,且具有较强的腐生性。在蔬菜贮运场所,往往遗留许多残株烂叶,孳生大量病菌,洋葱入贮后,就可被侵染。当洋葱鳞茎具有较多机械伤口、虫伤口、环境又高温高湿时很容易发病。细菌性黑腐病的侵染途径尚不清楚,但由发病特点分析,菌源主要来自田间。

【防治方法】 搞好有关病害的田间防治,减少田间菌源。适时收获,要在晴天采收,收获时要不磕不碰,轻拿轻放,尽量避免洋葱鳞茎受到机械损伤。采收后要充分晾晒后贮藏,淘汰发病、有虫、受伤的葱头。在贮藏期间也要保持外皮干燥。入贮前,搞好清除贮藏场所的清洁和消毒工作。贮藏期间要防止淋雨发潮,适时通风降温,及时清除发病和腐烂的鳞茎。

韭菜疫病

【发生规律】 病原菌在越冬病株上越冬或随病残体在土壤中越冬。韭菜发病后,在潮湿条件下,病斑上产生大量病原菌的繁殖体(孢子囊和游动孢子),随风雨和灌溉水传播,着落在韭菜叶片上,在温度适宜并有水滴存在时侵入韭菜,引起再侵染。在生长季节中重复发生多次再侵染,病株不断增多。高温高湿有利于疫病发生,发病最适温度为25℃～32℃,降雨多,高湿闷热时发病重。夏季是露地韭菜疫病的主要流行时期,夏季多雨年份常常发生大流行。以北京地区为例,7月下旬至8月上旬为盛发期,以后随降雨减少而流行减缓,10月下旬停止发生。重茬地、老病地、土质粘重、排水不畅的低洼积水地块和大水漫灌地块发病重。扣棚韭菜因棚内温湿条件适宜,发病早,病势发展快,受害重。3月中旬以前棚内温度超过25℃,若放风不及时,浇水过量,湿度增高,韭菜幼嫩徒长,可造成疫病大发生。

【防治方法】

(1)**栽培防治** 轮作倒茬,育苗地和栽植地宜选择土层深厚肥沃,能灌能排的高燥地块,3年内未种过葱属蔬菜和烟草疫霉的其他寄主植物。苗床应冬耕施肥休闲,春季顶凌耕耙,细致整地做畦。栽植地亦应深耕,施入腐熟有机肥,掺匀细耙。南方雨水多,应做高畦,畦周围筑水沟以便排水,做到大雨后不积水。

加强水肥管理,培养健株。应施足基肥,合理追肥。浇足底水,幼苗期先促后控,轻浇勤浇,结合灌水施入速效氮肥2～3次,以促进幼苗生长,苗高12～15厘米后,应控水蹲苗,不追肥或少追肥,加强中耕除草,以培育壮苗,防止幼苗徒长倒伏。栽植地也要施足基肥。不从病田取苗,栽植健苗、壮苗。定植当年着重养根壮秧,夏季雨水多应控制灌水,及时排涝。定植第二年以后根据长势和气温合理确定收割次数和间隔天数,每次收割后宜追肥1～2次,以补充养分,促进生长,防止早衰。3年以上的植株还需及时剔根、培土,防止徒长和倒伏。

露地栽培的要避免大水漫灌和田间积水,做好雨季排涝。发病田块应控制或停止浇水。栽植密度较大,田间郁蔽的还可采取"束叶"措施,即进入雨季前,摘去植株下层黄叶,将绿叶向上拢起并松松地捆扎,以避免叶片接触地面并促进株间通风散湿。棚室栽培的要严格管理,适时通风换气,降低温度和湿度,避免或减少叶面结露。

(2)**药剂防治** 发病初期及时喷药,以后连续喷 2~3 次。有效药剂有 72%霜脲·锰锌可湿性粉剂 600~800 倍液,安克·锰锌 69%可湿性粉剂 600~800 倍液,25%甲霜灵可湿性粉剂 600~1 000 倍液,58%甲霜灵·锰锌可湿性粉剂 500 倍液,64%杀毒矾可湿性粉剂 500 倍液,40%乙磷铝可湿性粉剂 300 倍液,40%疫霉灵可湿性粉剂 250 倍液等。除喷雾施药外,也可在栽植时用药液蘸根或雨季始期用药液灌根。

大蒜匍柄霉叶枯病

【**发生规律**】 病原菌随病残体越夏或越冬。在秋播大蒜区,散落田间的病残体以及大蒜收获后临时堆放场所、加工场地附近遗弃的病残体为主要越夏菌源。秋播大蒜出苗后,病残体上产生的病菌分生孢子随气流和雨滴飞溅传播,降落在蒜叶上,引起侵染发病。由秋季至翌年 4 月上旬病株增长缓慢,多数病叶上只有单个病斑,有明显的尖枯型和条斑型症状。4 月中旬至 5 月中旬为病情急剧上升期,叶片由底部向上依次枯死,这一时期以紫斑型病斑最多,但 5 月份以后蒜株顶部叶片出现再侵染所致的密集白斑。重病田蒜株霉烂枯死,枯焦一片。

在春播大蒜栽培区,病原菌以分生孢子和菌丝体在田间病残体上越冬,成为翌年初侵染菌源。在新疆北部,6 月下旬田间普遍出现病斑,7 月份为发病高峰期。病叶自感染至枯死只需要 5~6 天,流行年份经 10~15 天即可使全田蒜苗焦枯死亡。大蒜发病早,于 7 月底以前死亡的,鳞茎还未及膨大,损失率达 80%~90%,大蒜延迟至 8 月上旬或以后枯死的,鳞茎产量损失为 30%以下。

膨胀匍柄霉对温度的适应性较强,降雨和田间高湿是病害流行的必要条件。在秋播大蒜栽培区4月份和5月上旬的降水量和雨日数是决定发病程度的关键因子,两者高于常年就可能大发生。在春播大蒜栽培区,影响病情的天气因素主要是7月份的温度和降水。若7月份雨次多,降雨时间长,雨量大,则病情严重,可能导致大蒜绝收。

连作蒜田和蒜、葱、韭菜混作蒜田发病重。蒜株遭受冻伤、虫伤和机械损伤后发病加重,采收蒜薹时若大量划伤叶片,常导致后期病情加剧。春季肥水管理不当,偏施氮肥,追肥灌水偏多,蒜株旺而不壮或底肥不足,追肥偏晚,蒜株生长瘦弱者发病均重。地势高燥的台地病轻,而地势低洼、雨后排水不畅且又大水漫灌的地块发病重。

【防治方法】

(1)**栽培防治** 大蒜与非葱属作物轮作,较好的前茬是小麦、玉米、豆类、瓜类等。

清除田间和大蒜贮放、加工场地遗留的病残体。播前精细整地,适期播种,合理密植,合理施肥灌水。要施足基肥,苗期以控为主,适当蹲苗,培育壮苗,越冬期应防止低温冻害。烂母后以促为主,抽薹分瓣后,加强肥水管理。雨后及时排水,避免大水漫灌,尽量降低田间湿度。

大蒜品种间抗病性有明显差异,应选用抗病或轻病优良蒜种,及时淘汰发病早而重的高度感病品种。

(2)**喷药防治** 秋播大蒜要秋苗期早治,春季重治,中后期巧治。秋苗病株率达1%时,喷药防治发病田块。3月下旬至4月上旬蒜株上部病叶率达5%时,应全面喷药。叶病发生较多时,应及时喷药保护上位叶片和蒜薹。有效药剂有70%代森锰锌可湿性粉剂500倍液,50%速克灵可湿性粉剂800~1 000倍液,50%扑海因可湿性粉剂800倍液,50%退菌特可湿性粉剂500倍液或90%百菌清可湿性粉剂600~800倍液等。另外,10%世高粒剂1 500倍液,25%施保克乳油1 000倍液等有一定治疗作用。

大蒜枝孢叶斑病

【发生规律】 病原菌随种蒜间混杂的病残体越夏，播种时又随病残体进入田间，引起初侵染。在夏季高温高湿地区，遗留田间的病残体很快腐烂，病原菌不能安全越夏。种蒜蒜瓣本身也不带菌，不能传病。

秋播大蒜冬前就出现传病中心，年后达发病高峰，直至收获前都可发病。从病害始发期到盛发期日均温在0℃以上，相对湿度80%以上。种蒜夹带病残体多，特别是以蒜渣作种肥或盖种肥的发病重。灌溉不当或田间积水，夜间叶面结露时间长，露量大，有利于病害流行。施尿素提苗催苗的病重，施用农家肥的病轻。大蒜栽种密度过大，发病也重，品种之间发病有差异。

【防治方法】 发病地区要及时处理蒜株病残体，防止病残体、残屑随蒜种进入田间。加强栽培管理，合理密植，合理排灌，降低田间湿度。增施有机肥，避免偏施氮肥，增强蒜株抗病能力。种植抗病、轻病品种。在初发期及时喷药防治，三唑酮以及代森锰锌与百菌清混用药效较好。

大蒜病毒病害

【发生规律】 各种大蒜病毒都可由种蒜（鳞茎）传播，田间发病的毒源主要来自带毒种蒜。病区连续多年种植而没有复壮或更新的品种，带毒率均高，用作种蒜造成严重发病。各种病毒还可随带毒种蒜的引种调运而远距离传播。在田间，大蒜病毒还可经病株汁液传播或介体生物传播。汁液传播又称为机械传播，病株与健株叶片相互摩擦或田间作业造成微伤口，病株带毒汁液接触健株，通过伤口传毒。传毒的生物介体有蚜虫、螨类、线虫等，依病毒种类不同而异。生物介体传播的专化性很强。例如，桃蚜可传播大蒜花叶病毒和大蒜潜隐病毒,甘蓝蚜、麦长管蚜和禾谷缢蚜则不能传播。

大蒜病毒病害的发病程度与栽培管理也有密切关系。田间管理粗放,缺水少肥,大蒜生育不良,发病较重,减产幅度较大。间作套种不合理,大蒜田附近毒源植物多,传毒蚜虫发生量大,发病重。天气高温偏旱有利于蚜虫发生,发病也重。

【防治方法】

(1)**加强栽培管理** 蒜田附近不种葱类蔬菜或其他毒源植物,合理间作套种。病田增施水肥,促进蒜株生长。适时防治蚜虫。

(2)**繁育良种** 建立良种繁育制度和无病留种基地,统一选留和供应健康种蒜。

繁殖病毒含量低的气生鳞茎(蒜珠)作种用。在蒜头完全老熟,植株干枯时,剪下蔓苞单贮。翌年播种气生鳞茎获得独头蒜,再播种独头蒜,第三年可获得健壮饱满的分瓣蒜作种。

(3)**进行种蒜脱毒,获得无毒种蒜** 当前主要用茎尖培养结合热处理的方法脱毒。该法先将幼苗或鳞茎在相对高温下处理(37℃恒温干热处理 30 天),以钝化病毒,然后剥离蒜芽,切取 0.1～0.9毫米茎尖分生组织,用系列培养基培养,诱导茎尖分生组织分化,成芽生根,获得试管苗或小鳞茎,驯化后移至防虫网室中定植或在无特定毒源的开放地区种植扩繁。

蒜头贮藏期病害

【发生规律】 蒜头贮藏期病害种类多,发生规律不尽相同。初侵染菌源有的来自田间,有的来自贮藏处所。有些病害在田间已经发生,在贮运期间进一步发展。例如,引起红腐病的镰刀菌在田间侵害蒜株根部,造成根部腐烂,在贮运期间由根部蔓延到蒜头基部,蒜瓣变黄褐色而干枯。但是,贮蒜病害的病原菌腐生性较强,分布很广,蒜头不论在田间,还是在贮运过程中都可被病原菌污染。贮运条件对蒜头病害的发生起着关键作用。蒜头内在质量较差,生活力降低或收获贮运期间受到机械损伤,都是发病的重要内在因素。贮藏期间通风不畅,蒜头受潮发热则是主要的外部条件。

【防治方法】 防止或减轻蒜头贮藏期病害,首先应搞好有关病害的田间防治,减少田间菌源。在此基础上,合理收获和贮藏蒜头。

(1)采收晾晒 当大蒜叶片变为灰绿色,底叶枯黄脱落,蒜头基本长成时,就应适时收获。收获过早,蒜头幼嫩,富含水分,贮藏后易干瘪。收获过迟,拔蒜秧时蒜瓣容易散落。收蒜时要不磕不碰,轻拿轻放,以免蒜皮、蒜瓣受到机械损伤,有利于病原菌侵入。

起出的蒜要捆扎好,及时晾晒蒜秧,同时保护蒜头,避免阳光灼伤或使蒜皮变绿。晾晒2~3天,茎叶失绿并干燥后,即可编辫。晾晒时还要防雨、防潮、防热、防磕碰。

(2)贮藏管理 晾晒后淘汰受伤、生虫、发霉、污损的蒜头,按蒜头大小分别编辫,晾晒蒜辫,充分干燥后挂在蒜棚内。在蒜棚内注意遮阳、防雨、防潮、防热和通风。立冬后气温下降,可运至贮藏室内,室温0℃上下,注意通风,防止温度过高而受热,并要防止低温冻害。用堆藏法贮藏时应在蒜头晒干后,留茬2~3厘米,剪去假茎,在贮藏室内堆贮或贮放于容器中,也要保持通风和低温。

蒜薹贮藏期腐烂病

【发生规律】 造成蒜薹腐烂的病原菌来源较复杂,大致可区分为田间菌源和贮藏库内菌源。田间菌源主要为已侵入蒜薹内部的病原菌,其次为蒜薹表面附着的病菌孢子。引起匐柄霉腐烂病的膨胀匐柄霉在蒜株抽薹后就已侵入薹茎和薹苞,在贮藏期间进一步扩展并造成蒜薹腐烂。在贮存期间还可发生新的侵染。葡萄孢(灰霉菌)在田间也发生多量侵染。不仅如此,蒜薹表面携带的多种葡萄孢菌以及其他多种真菌(链格孢、镰刀菌、青霉菌等)在冷库内或者可以发生新的侵染,或者可在已有病斑上孳生,加重腐烂。

库房内货架上、墙壁上,各种器物上带有多种病原菌,也是引致蒜薹腐烂的重要菌源。

大蒜连作田块和管理粗放的田块,茎叶部和薹部病害多,在整个生育期陆续发生,菌源量大。抽薹阶段田间湿度高,雨水多,病情严重,病薹数量增多,特别是已经被侵染但采收时尚未表现症状的病薹多,蒜薹表面附着的真菌孢子也多,从而奠定了贮藏期间蒜薹大量发病的菌源基础。田间病残体少的轮作地块,精心管理和及时防治病虫害的田块,蒜薹病害少而轻,带菌带病入库少,贮藏期病害轻。干旱年份和干旱地区田间发病轻,蒜薹腐烂也较轻。

采收过早,蒜薹表皮角质层尚未发育完全,抗病能力差,又因生长旺盛,呼吸强度较高,易造成损伤和脱水,有利于病菌侵染。采收过晚,薹茎基部木质化,薹尾衰黄,贮藏期薹尾枯死,有利于寄生性较弱的病原菌孳生和侵染。采收质量差,伤痕多,特别有利于病菌侵染,发病重。

蒜薹贮存温度以 0℃上下最为适宜。温度过高,蒜薹加速老化,温度长期低于−0.5℃,蒜薹呼吸受抑,出现代谢障害,僵硬起泡。造成灰霉腐烂的葡萄孢很耐低温,在 0℃上下仍能繁殖和侵染,高温老化和低温伤害的蒜薹抗病性降低,易霉烂。空气湿度高有利于病原菌活动和侵染蒜薹。库房温度突然降低,常在贮蒜塑料袋的塑料薄膜上结露,滴露打湿蒜薹,常引起病菌侵染。因此,应防止库房温度的剧烈波动。危害蒜薹的病原真菌皆为好气性,在含氧量较低和二氧化碳气体含量较高的条件下,病原菌生命活动缓慢,生长受抑。但是,蒜薹对二氧化碳气体的耐受力亦有限度。有些品种的蒜薹在二氧化碳浓度达到 15% 以上,含氧量低于 1% 时,可能出现中毒症状,蒜薹上出现黄色小斑点,可扩大为水浸状,不规则凹陷斑,散发出酒精气味,因腐生真菌和细菌孳生而腐烂。库内卫生条件差,未经消毒处理,遗留病原菌数量多也有利于蒜薹发生腐烂。

【防治方法】

（1）**田间防治**　抽薹前及时防治叶部病害，特别是匐柄霉叶枯病和灰霉病，减少病薹数量，提高蒜薹品质。

（2）**库房消毒**　贮藏前用药物进行库房消毒能减少库房内部菌源量。恒温冷库的消毒措施包括：第一，清扫库房，用0.5%漂白粉水液擦洗货架和支撑物。第二，硫黄粉熏蒸，硫黄用量为每立方米10克。先将硫黄压细，加二倍锯末，多点分布，暗火点燃，熏蒸24小时后通风散气。第三，用1%甲醛液喷洒墙角、架缝、地角等处。

（3）**采收加工**　适时采收。贮藏的蒜薹要在品质脆嫩、色泽鲜绿，组织未硬化，基部未纤维化，气生鳞茎未发育、未膨大时采收。采收宜在晴天午后进行，应精细操作尽量减少损伤和划薹，提高采收质量。

采收的蒜薹应及时分级，细致加工，尽快入库冷藏，以减缓蒜薹衰老过程，减少病变和抑制有害微生物活动。根据蒜薹外观、品质和病虫损伤程度划分等级。一等蒜薹除外观和品质符合标准外，应没有各类病斑，没有虫伤和破损。二等蒜薹仅有轻微病斑或机械损伤。三等的有较严重病害或损伤。一等蒜薹适于长期贮存，二等的可短期贮藏，三等的不宜贮存。入贮蒜薹分级贮放，淘汰薹苞膨大，老化变质，严重病、伤和萎蔫的蒜薹，去掉残留叶鞘，剪掉薹苞上端干黄梢和蒜薹基部干萎部分。

（4）**贮藏管理**　加工好的蒜薹在0℃±0.5℃温度下预冷36小时，再定量装入塑料袋中，封口后上架贮存。贮藏期间应合理调控温度和气体成分。温度应保持在0℃±0.5℃范围内，库房内相对湿度前期应保持在90%～95%，中后期80%～85%，塑料袋内90%～95%，应避免塑料布或蒜薹上形成水滴。塑料袋内的气体成分贮存前期氧气占1%～3%，二氧化碳气体占12%～14%，后期氧气占2%～4%，二氧化碳气体占10%～12%。这一气体比例有利于抑制真菌生长，降低蒜薹呼吸强度。氧气含量低，二氧化碳过高,可能对蒜薹造成毒害。

在入库预冷期和贮藏中期分别用杀菌剂浸醮薹尾,待药液晾干后再装袋封口。有效药剂为40%特克多600倍液、50%扑海因600倍液、50%速克灵1 000倍液等。

四、虫害防治

葱地种蝇（葱蝇）

【**发生规律**】 在各地1年发生1～4代不等。以大蒜田为例，在黄淮流域的年生活史大致可划分为如下4个阶段：

（1）**越冬阶段** 11月中旬开始，以围蛹在大蒜根际周围5～10厘米（多数5～8厘米）深的土层中越冬。通常越冬死亡率较高，翌年春天的羽化率平均只有20%左右。

（2）**春季危害阶段** 4月初成虫开始羽化，4月中旬出现幼虫，4月下旬至5月初为第一代幼虫危害期，5月上中旬化蛹，5月底至6月初第一代成虫出现，6月上中旬为第二代幼虫为害期，这一代数量较少，主要危害大蒜鳞茎。

（3）**越夏阶段** 第二代幼虫一部分蛀入鳞茎，在其内化蛹，大部分在土壤中化蛹。这时已进入6月底，田间已收获，蛹在土壤中越夏。部分越夏蛹在大蒜播种时因机械伤害而死亡，其余直至大蒜出苗后，于9月初陆续羽化。

（4）**秋季危害阶段** 9月上旬第二代成虫在大蒜幼苗根际或周围土中产卵，9月下旬至11月初为第三代幼虫危害期，11月上中旬化蛹，以蛹越冬。

在陕西关中地区，越冬蛹历期59～109天，成虫寿命8～15天，卵期2.5～5.5天，幼虫期12～18天，蛹期14～21天，越夏蛹27～56天。葱蝇第一代发生时间长，数量多，危害重，其次是第三代，而第二代发生时间较短，数量较少，危害亦较轻。第一代和第三代均历期2个月范围，而第二代历时不足1个月。

葱蝇成虫白天活动，晴天中午前后活动旺盛。对植物的花，特别是胡萝卜、茴香等伞形花科植物的花趋性强,对未腐熟的粪肥,发酵的饼肥,腐烂的葱类、蒜、韭菜等趋性也很强。未腐熟的有机肥可将活着的卵或幼虫带入田间,在田间还招引成虫产卵。卵多散产,有时也成堆或成列聚产于植株周围的土块表面或植株的假茎部,也喜欢产在新耕翻的潮湿土表或土缝里。成虫发生量大时,还可将卵产于叶鞘内侧或叶腋下。每雌产卵量可达 $200\sim300$ 粒。成虫羽化与土壤含水量关系密切,以土壤含水量 5%$\sim$20% 为宜,过高则羽化率显著降低。幼虫孵化后即潜入土中,先危害根,再食害鳞茎,少数幼虫偶尔还可蠕动至地表假茎部危害。幼虫可取食土壤中的腐殖质。

葱蝇的发生和消长与温度,特别是 5 厘米耕层的地温关系密切。第一代和第三代幼虫发生盛期,地温均在 $15℃\sim25℃$ 左右,而第二代发生盛期则在 $25℃\sim30℃$,若 30℃ 以上则进入越夏。耕层 5 厘米深处土壤含水量在 25% 以下时,虫口密度随含水量的增加而增大,高于 25%,又有下降的趋势。

【防治方法】 葱蝇除成虫期外,绝大部分时间都在土中生活,因而应以防治成虫为主,防治幼虫为辅,把绝大多数成虫消灭在产卵之前。

(1)播种前防治 收获后或播种前翻耕土地,机械杀伤土中的幼虫和蛹。虫害严重地块可换种非寄主作物,或行土壤处理。土壤处理可参照蛴螬的药剂防治方法。

施用腐熟农家肥,均匀深施,种子与肥料隔离。粪肥可混拌药剂,在粪肥较干时,喷拌 40% 乐果乳油 500 倍液,50% 的辛硫磷乳油 1 000 倍液,50% 马拉硫磷乳油 1 000 倍液或 90% 敌百虫结晶 1 000 倍液,混拌均匀并堆闷后施用。在粪肥较湿时,可在粪肥上撒一层毒土,毒土用 5% 辛硫磷颗粒剂(或粉剂)与细土按 1:15 的比例拌匀制成,也可用 2.5% 敌百虫粉剂制作毒土。韭菜被害后,不要追施稀粪,可用化肥,以减少成虫产卵。大蒜在烂母子前,韭菜在头刀和二刀后,随浇水追施 2 次氨水,氨水对根蛆有熏蒸和窒息作用,可减轻危害。

大蒜播前要选瓣。选择无虫、无病、无霉、无损,形状周正的健康母蒜栽种,栽前剥皮,以缩短烂母子的时间,减轻受害。不栽霉烂蒜瓣,防止腐烂发臭,招引成虫产卵。

蒜种要进行药剂处理。用90%晶体敌百虫250克,加水50升,配成药液,浸泡蒜种10～20分钟,捞出后摊于地面,稍加晾晒至药液不沾手时栽种。

要适时早播,使春季烂母前蒜母营养已经耗尽,避免腐烂发臭,招引成虫产卵。

(2)**诱捕成虫** 用糖醋液诱捕成虫。诱捕器可用大碗或小盆,诱剂用糖、醋和水,按1∶1∶2.5的比例混合,再加少量敌百虫配成。诱器每天上午9时开盖,下午4时加盖,加盖前将诱到的成虫取出。诱剂每5天加半量,每10天更换1次。也可将糖醋液浇到锯末或糠麸上,加盖密封,晴天打开盖子引诱葱蝇舔食中毒。还可用腐败的洋葱头、蒜瓣或韭菜等做诱剂。

(3)**在成虫盛发期喷药防治成虫** 成虫防治适期可用诱捕法确定,当诱捕到的成虫雌雄性比接近1∶1时,或数量猛增时即为防治适期。也可用网捕法确定,此法在上一代或头一年发生较重的田块,在成虫发生前,每间隔2～3天用捕虫网捕蝇,也把所捕成虫性比近1∶1时,或数量猛增时作为防治适期。防治成虫可供选用的药剂有90%敌百虫1 000倍液,40%辛硫磷乳油800～1 000倍液,50%马拉硫磷乳油1 000倍液,50%敌敌畏乳油1 000～1500倍液,2.5%溴氢菊酯乳油3 000～4 000倍液,21%增效氰·马(灭杀毙)乳油6 000倍液,40%菊·马乳油3 000倍液,20%氰戊菊酯乳油3 000倍液等。于上午9～10时喷洒在植株和株间地面上,间隔7～10天防治1次。抓住有利时机,连续2次用药即可奏效。

(4)**在幼虫始盛期施药防治** 幼虫始盛期可用期距法计算,即成虫盛发期(成虫数量猛增或雌雄性比达1∶1时)加上当地卵期和幼虫初期所需天数即为估计的幼虫始盛期,一般在成虫期后6～

15 天(南方)或 15～25 天(北方)。此时可用乐斯本 48%乳油 1 500 倍液,37%高氯·马乳油 1 000 倍液,50%辛硫磷乳油 800～1 000 倍液,或 40%乐果乳油 1 000 倍液灌根。施药时将喷雾器的喷头拧去旋水片,直接对着根部喷施,7～10 天喷灌 1 次,连喷 2 次。在大蒜根部已经发生害虫时,还可结合浇水冲施农药,药剂有 50%辛硫磷乳油(每公顷用 7.5～15 千克)或乐斯本 48%乳油(每公顷用 2.8～3.6 千克)。严禁使用 3911、甲胺磷、涕灭威等剧毒、高毒农药。

灰地种蝇(种蝇)

【发生规律】 在我国各地 1 年可发生 2～6 代不等,多数地区以蛹在土壤中越冬。在北京地区 3～4 月份成虫羽化,这代幼虫期正值棉花、豆类等播种发芽阶段,幼虫对种子和幼苗危害严重。7 月上旬和 10 月分别为第二代和第三代成虫盛发期。第二代幼虫主要危害葱、韭菜、蒜等葱属植物,第三代幼虫除危害葱属植物外还危害秋萝卜和大白菜。种蝇在春、秋两季发生较多,而夏季数量较少。在北京,当 4 月下旬地温在 15℃以上时,卵期 2～5 天,春季幼虫期 18～20 天,蛹期 7～8 天。在山西大同,成虫寿命雌虫 10～79 天,雄虫 10～39 天,卵期 2～4 天,11℃时幼虫期 22 天,24.5℃时 7.2 天,25℃时 6～8 天,非越冬蛹历期 20 天。成虫善飞,喜欢在晴朗干燥的白天活动,早晚和阴雨天隐蔽。成虫对腐败的有机物趋性强。露在地表面的未腐熟农家肥,可诱集成虫产卵。成虫还喜食花蜜和有发酵霉味的物质。雌成虫在潮湿的土缝里、有机肥上,或近地面的植物叶上产卵。幼虫 3 龄,孵化后不久就取食发芽的种子和小苗。老熟后在受害菜株附近 7～8 厘米深的土壤中化蛹。

在北方地区,葱蝇与种蝇常混合发生,一般种蝇发生时间较早,发生量较少,而葱蝇发生较晚但发生量多。

【防治方法】 种蝇与葱蝇的防治策略和方法相同,即以农业防治为基础,药剂防治为重点,药剂防治以成虫为主,成虫防治不力时,防治幼虫也很重要。具体防治方法可参照葱蝇。诱集种蝇成虫除可运用诱集葱蝇的方法外,还可用糖浆 1 份,玉米粉 1 份,水 2 份,酵母粉 0.25 份混合均匀,配成诱剂,诱杀成虫的效果也很好。

韭迟眼蕈蚊(韭蛆)

【发生规律】 在天津郊区和陕西关中地区 1 年发生 4 代,在山西大同 1 年 4~5 代,在山东寿光 1 年 6 代,均以不同龄期幼虫群集在韭墩、蒜株根际或鳞茎、假茎内越冬,越冬深度 3~9 厘米不等。越冬幼虫无滞育特性,只要温度合适即可活动危害,冬季仍可继续危害保护地栽培的寄主植物,早春化蛹。多数地区韭蛆虫口数量有春、秋两个高峰,3 月下旬至 6 月中旬危第一个高峰,持续时间较长,9 月份至 11 月中旬出现第二个高峰。

成虫昼夜均能羽化,以下午 4~6 时最多。成虫出土后,在地面或植株上爬行,偶而飞翔。成虫遇不良天气即栖息在石块下或地表洼处。雄虫昼夜活动,雌虫多白天活动。成虫可多次交配,雌虫昼夜产卵,每雌平均卵量 75 粒左右,卵多聚产。卵可随水渗入地下,孵化率较高。幼虫 4 龄,昼夜危害,有群聚性,也有一定的腐食性,可转株危害。幼虫怕光,喜趋向黑暗处,老熟后大多在寄主附近土壤中化蛹,少数留在鳞茎中化蛹,做茧或不做茧。

越冬幼虫较耐低温。耕层 8 厘米处地温上升至 4℃后越冬幼虫即可开始活动,18℃~25℃为幼虫最适发育温度,直到 28℃均可正常生长发育。夏季高温引起虫口数量下降。耕层 8 厘米处地温达 13℃时,成虫开始羽化出土,气温达 14℃成虫开始飞翔,气温上升至 24℃时成虫飞翔高度最高。幼虫性喜潮湿,土壤湿度较高对卵的孵化、幼虫化蛹和成虫羽化出土均有利。土壤含水量在 5%~20%最适于发育与变态。虫口密度与土质有密切关系,沙质土壤发生少,轻壤土发生数量多,中壤土发生数量最多。浇水过多,土壤湿润,韭蛆发生多,控制浇水或幼虫发生初期停止浇水,可控制虫口数量上升。

【防治方法】

(1)**栽培防治** 韭蛆除成虫期外均在土壤中生活,播前翻耕或生长期间中耕可杀死一部分越冬虫体或危害期的虫体。冬前浇冻水或早春浇水可以冻死一部分越冬的或刚开始活动的幼虫,压低虫口数量。生长期间结合浇水适当追施氨水,可以熏死一部分幼虫。

(2)**粘杀成虫** 在成虫盛发期,用粘虫胶粘杀成虫。其方法是用40份无规聚丙烯增粘剂与60份机油充分混合,在30℃恒温水浴锅中搅拌溶化,做成40%的粘虫胶,涂于粘虫板(40厘米×28厘米)两面,胶厚1毫米,设置高度50~78厘米,以每公顷插粘虫板90块为宜。

(3)**药剂防治** 防治时期为成虫羽化盛期和幼虫危害始盛期。成虫羽化期用40%菊马乳油3 000倍液,20%杀灭菊酯乳油3 000倍液,2.5%溴氰菊酯乳油3 000倍液或50%辛硫磷乳油1 000倍液喷雾。幼虫危害始盛期浇灌药液防治幼虫。每公顷用乐斯本48%乳油2 250~3 000毫升,对水15 000升,用工农-16型手动喷雾器,拧去喷片,将药液顺垄喷入韭菜根部。也可先将乐斯本48%乳油对适量水配成母液,在灌溉时注入水流中,使其随水灌入韭菜根部,此法简便省工,但需适当增加用药量。此外,也可用37%高氯·马乳油1 000倍液或50%辛硫磷乳油800倍液喷施根部。严重危害田,在第一次施药后,间隔10~15天再施1次。禁用甲胺磷、对硫磷、甲拌磷、氧化乐果等剧毒、高毒药剂灌根。

蛴 螬

【发生规律】 华北大黑鳃金龟多数2年1代,少部分个体1

年1代,以成虫或幼虫越冬。以成虫越冬时,春季开始出土活动,6月上旬至7月上旬为产卵盛期,6月上中旬开始孵化,盛期在6月下旬至8月中旬,孵化的幼虫在土壤中为害。10厘米土层温度低于5℃后进入越冬状态。以幼虫越冬的,翌年春季越冬幼虫开始活动为害,6月初开始在土壤中化蛹,7月初开始羽化,7月下旬至8月中旬为羽化盛期,羽化后的成虫当年不出土,在土中潜伏越冬。华北大黑鳃金龟以成、幼虫交替越冬。若以幼虫越冬,翌年春季危害重;若以成虫越冬,翌年夏、秋季危害重。成虫昼伏夜出,白天潜伏于土层中和作物根际,傍晚开始出土活动。尤以20～23时活动最盛,午夜后相继入土。成虫具趋光性,对黑光灯趋性强。对厩肥和腐烂的有机物也有趋性。

暗黑鳃金龟1年1代,多数以老熟幼虫、少数以成虫越冬。以幼虫越冬的,春季不危害,相继化蛹、羽化。成虫在7月份至8月中旬产卵,秋季幼虫危害。成虫趋光性较强,飞翔力亦强。

黑绒金龟在北方1年1代,以成虫在土壤中越冬。翌年4月上旬越冬成虫出土活动,4月中旬为盛期。成虫昼伏夜出,有趋光性。6月上旬成虫在根部附近深5～10厘米的土壤中产卵。6月中下旬至9月上旬是幼虫危害期。老熟幼虫潜入20～30厘米深的土层中筑土室化蛹。成虫于9月下旬羽化,当年不出土,就地越冬。

黄褐丽金龟在北方1年1代,以幼虫在土壤中越冬。翌年3月上旬越冬幼虫开始活动,3月中旬至4月份,幼虫在表层土壤中危害。5月上中旬幼虫化蛹,5月下旬成虫出现,不久后产卵,6月下旬至7月底为产卵盛期。8～10月份为幼虫危害期,以3龄幼虫越冬。多发生在地势较高,土质瘠薄,排水良好的砂壤土中。

铜绿丽金龟在北方1年发生1代,以幼虫越冬。翌年春越冬幼虫上升活动,5月下旬至6月中、下旬为化蛹期,7月上、中旬至8月份是成虫发生期,7月上、中旬是产卵期,7月中旬至9月份是幼虫危害期,10月中旬后陆续进入越冬。少数以2龄幼虫,多数以3龄幼虫越冬。幼虫在春秋两季危害最烈。幼虫老熟后化蛹时,从体背部裂开蜕皮,蜕下的皮不皱缩。在田间调查时,可据此与其他蛴螬相区别。

【防治方法】 防治根蛆和韭蛆的一些措施可兼治蛴螬。地下害虫往往混合发生,须综合防治。蛴螬严重发生的,可针对性地防治。

(1)**栽培防治** 播种或栽植前,对地块要进行翻耕耙压,通过机械损伤和鸟兽啄食压低虫口。整地时施用腐熟的有机肥,以改善土壤结构,促进根系发育,增强抗虫能力。适当施用一些碳酸氢铵、腐殖酸铵等化肥作底肥,对蛴螬有一定抑制作用。

(2)**灯光诱杀** 利用金龟甲类的趋光性,设置黑光灯诱杀。还可用性诱剂诱杀。

(3)**种子处理** 50%辛硫磷乳油、50%对硫磷乳油、40%乐果乳油诸药剂的用药量均为种子重量的 0.1%～0.2%,40%甲基异柳磷乳油则为 0.1%～0.125%。拌种时先将定量药剂用种子重量10%的水稀释,然后喷拌于待处理的种子上,堆闷 10～15 小时,待药液被种子充分吸渗后即可播种。

(4)**药剂防治** 用辛硫磷或甲基异柳磷毒土,均匀撒施于播前地块的表面,然后翻入土中。也可将药剂与肥料混合,条施或沟施。用 50%辛硫磷乳油 250～300 毫升,加 3～5 倍水,喷布在 25～30 千克的细土中,边喷边拌匀,制成毒土,撒施。或用 2%甲基异柳磷粉剂 2～3 千克或用 40%的乳油 250 克,拌细土 25～30 千克,撒施后浅耕。

(5)**毒饵诱杀** 许多金龟甲喜食树木叶片,利用这种习性,成虫盛发期在田间插入药剂处理过的带叶树枝,毒杀成虫。方法是取 20～30 厘米长的榆、杨、刺槐等树枝浸入 40%氧乐果乳油 30 倍液中,取出后在傍晚插入田间。或用树叶每公顷放置 150～225 小堆,喷洒上 40%氧乐果 800 倍液,诱杀成虫。

金针虫

【发生规律】 沟金针虫 3 年发生 1 代，以成、幼虫在地下 20～80 厘米深处越冬。翌春当 10 厘米地温达 6.7℃时，越冬幼虫开始活动上升，4 月份为幼虫危害盛期。5～6 月份温度升高，幼虫又潜入地下 13～17 厘米深处隐蔽，盛夏潜入更深处。直到 9 月份下旬至 10 月份上旬，幼虫又返回地表层危害，11 月以后潜入深处越冬。一般在第三年秋季幼虫老熟，在土表下 13～20 厘米处化蛹。成虫羽化后当年不出土，在土里越冬。翌年成虫危害，3 月底至 6 月份为产卵期，卵产于土层中 3～7 厘米深处。幼虫 10～11 龄，幼虫期 100 多天，成虫寿命 220 多天。雌虫无飞翔能力，雄虫飞翔力强，有假死性和趋光性。该虫的发育很不整齐，世代重叠现象严重。在生长季节，几乎任何时间均可发现各龄幼虫。

细胸金针虫 2～3 年发生 1 代，有少量每年 1 代，极少还有 4 年 1 代的，以成、幼虫在土层 20～40 厘米深处越冬。4 月中下旬进入成虫活动盛期。4 月下旬开始产卵，6 月份为产卵盛期。卵散产于土中，孵化的幼虫秋季危害，冬初潜入土内越冬。成虫昼伏夜出，生活隐蔽，略具趋光性，对腐烂植物有趋性，亦喜食新鲜而略萎蔫的青草，但食量小，成虫还有假死性。初孵幼虫体白色半透明，仅口器端部黄褐色，性活泼，有自残性，但大龄幼虫行动迟钝。老熟幼虫在土层 20～30 厘米深处化蛹。9 月下旬成虫羽化后不出土，即在土中越冬。

以上两种金针虫均喜地温 11℃～19℃的环境，因此在春季 4 月份和秋季 9～10 月份危害重。地温偏高时，潜入土壤深层栖息。沟金针虫适于旱地生存，但土壤湿度也需在 15%～18% 之间。细胸金针虫则以 20%～25% 的土壤湿度为适。成虫产卵需足够的水分，卵在水中的孵化率可达 90% 以上，春季多雨年份幼虫危害加重。

【防治方法】

（1）**栽培防治** 沟金针虫发生较多的地块应适时灌水，经常保持湿润状态可减轻为害，而细胸金针虫较多的地块，要保持干燥，以减轻危害。

（2）**药剂防治** 撒施 5％辛硫磷颗粒剂，每公顷 30～45 千克。若个别地段发生较重，可用 40％乐果乳油或 50％辛硫磷乳油1 000～1 500 倍液灌根。

蝼　蛄

【发生规律】 单刺蝼蛄在我国 3 年发生 1 代，以成、若虫在土层内 1～1.3 米深处越冬。翌年 4 月上、中旬地温回升后，越冬虫态出土危害，一般 4 月底到 6 月份是危害盛期，这期间表土层出现大量隧道。成虫于 6 月上旬开始产卵，7 月为产卵盛期。单刺蝼蛄在盐碱性地块产卵较多，粘土、壤土地较少。产卵前先在土表拱出一个 10 厘米长的虚土堆，然后向下在约 10 厘米深处筑一运动室，再向下在离土表 20 厘米深处筑一个卵室，最后在离土表 30 厘米深处筑一隐蔽室，供产卵后栖息。7 月初开始孵化。若虫 3 龄前群集，3 龄后分散，小龄若虫多以嫩茎为食。第一年越冬若虫为 8～9龄，第二年越冬若虫为 12～13 龄，第三年以刚羽化未交配的成虫越冬。成虫期长达 9 个月以上，危害最重。1 年有春、秋季两个危害高峰期。

蝼蛄昼伏夜出，晚上 9～11 时活动取食最活跃。成虫趋光性强，但因身体粗笨，飞翔力弱，只在闷热且风速小的夜晚才能被大量诱到，对马粪和甜物质也有趋性，喜食半熟的谷子和炒香的豆饼、麦麸，喜在潮湿的土壤中生活。土层 10～20 厘米深处，土壤含水量 20％左右时，活动最盛，低于 15％时活动减弱。若虫在蜕皮前有一个停止活动的过程，羽化前要停止活动 2～3 周。

东方蝼蛄在黄河以南每年发生 2 代，黄河以北每年发生 1 代，以成、若虫在地下越冬。4月上旬开始活动并迁向地表,5~6月份是第一次危害高峰期,7~8月份转入地下活动并产卵。产卵前先在土表顶起1小堆虚土,向下挖1个隧道,隧道口用干草封好,并向下在20厘米深处筑1个梨形的卵室,在其中产卵,产后在卵室下的隧道中隐蔽。当年的若虫可发育至4~7龄。若虫在土层40~60厘米深处越冬,翌年春、夏再发育至9龄。成虫羽化后大部分不产卵即越冬,翌年5~6月份产卵后死亡,寿命约12个月。该虫亦喜潮湿和香甜物质,趋光性强,黑光灯可诱到成虫。

【防治方法】

(1)**挖窝灭卵** 播种后未出苗前,可根据2种蝼蛄卵窝在地面的特征向下挖卵窝灭卵。单刺蝼蛄卵窝地面有约10厘米长的新鲜虚土堆,东方蝼蛄顶起1个小圆形虚土堆,向下分别挖15~20厘米深即可发现卵窝,再向下挖8~10厘米即可发现雌虫,一并消灭。

(2)**诱杀** 毒饵诱杀可用90%晶体敌百虫、40%乐果乳油或40%甲基异柳磷乳油等药剂,用药量为饵料量的1%。常用饵料有炒香的谷子、米糠、麦麸、豆饼、棉籽饼等。先用适量的水将药剂稀释,然后喷拌饵料,制成毒饵,每平方米施用2.25~3.75克。配制敌百虫毒饵时,应先用少量温水将晶体溶解。此外,还可利用蝼蛄趋光性强的习性,设置黑光灯诱杀。

(3)**药剂拌种或土壤处理** 常发、重发地带可行药剂拌种或土壤处理。常用拌种药剂有50%辛硫磷乳油、40%乐果乳油或40%甲基异柳磷乳油等,用药量为种子重量的0.1%~0.2%。将定量的药剂加水稀释成5~10倍药液,用喷雾器喷拌种子,拌药后将种子堆闷6~12小时后播种。

土壤处理可将药剂均匀喷施或撒施于地面,然后浅犁入土。常用药剂有50%辛硫磷乳油(用药量每平方米0.37~0.45毫升),40%甲基异柳磷乳油(用药量每平方米0.37~0.45毫升),4.5%甲敌粉(用药量每平方米2.25~3.75克),2%甲基异柳磷粉剂(用药量每平方米 2.25～3.75 克),3%甲基异柳磷颗粒剂(用药量每平方米 3.75 克),5%辛硫磷颗粒剂(用药量每平方米 3.75 克),5%喹硫磷颗粒剂(用药量每平方米 0.74 克)等。还可将药剂混拌成毒土,均匀撒在地面上,然后浅犁。乳油与粉剂可按每平方米用药量,拌 30～45 克细土,颗粒剂拌 30～37 克细沙或煤渣。此外,用50%辛硫磷乳油 1 000 倍液灌根,效果亦好。

蟋　蟀

【发生规律】　蟋蟀群集性较强,多于秋季大量发生,低洼、潮湿的地块发生较多。油葫芦 1 年发生 1 代,以卵在土壤内越冬。越冬卵 4～5 月份孵化,4 月下旬至 8 月初为若虫发生期。若虫日夜活动,取食危害。成虫于 5 月下旬起陆续羽化,雌虫较雄虫羽化略晚。9～10 月份交配产卵,卵产于表土下约 2 厘米深处。成虫白天很少活动,隐藏于草株间和砖石土块下,夜晚活动,取食和交尾。夜晚雄虫发出引诱雌虫的鸣声。

棺头蟋 1 年发生 1 代,以卵在土壤中越冬。翌年 4～5 月份越冬卵孵化,8～9 月份羽化为成虫。成虫和若虫都可日夜活动取食,但若虫多白天取食,成虫多夜间取食。9～10 月份交配产卵。卵多产于草多处疏松表土下。若虫和成虫多栖息于垃圾堆、砖石堆和草丛中。成虫有弱趋光性。

【防治方法】

(1)消除栖息场所　清除田内和地边的垃圾、砖石、杂草,减少蟋蟀栖息场所。

(2)药剂喷施　每公顷用 90%晶体敌百虫 450 克,50%对硫磷乳油 450 克或 2.5%溴氢菊酯乳油 75～150 毫升对水喷雾。还可用喷粉法施药,每公顷用 4.5%甲敌粉 30 千克或 2.5%对硫磷粉剂 30 千克喷粉。可在黄昏从地块四周逐渐向中心喷粉,以防蟋蟀向外逃窜。

（3）**毒饵诱杀**　将1份90%晶体敌百虫用30倍温水化开，喷洒在100份炒香的麸皮上，边喷边混拌均匀，制成毒饵，于黄昏时撒施田间。

甜菜夜蛾

【**发生规律**】　该虫在亚热带和热带地区无越冬现象，在陕西、山东、江苏一带以蛹在土室内越冬，1年发生4～5代，在其他地区各虫态都可越冬。成虫昼伏夜出，白天潜伏在土缝、葱丛等隐蔽处，趋光性强，趋化性弱。卵产于葱叶上，聚产成块，卵块上覆盖灰白色绒毛。幼虫5龄，少数6龄，3龄前群集叶背，吐丝结网，在内取食，3龄后分散取食。幼虫多食性，取食棉花、大豆、花生、甘薯、白菜、甘蓝、豇豆、茄子、辣椒、杂草等，在大葱、姜、辣椒上尤其严重。幼虫昼伏夜出，性畏阳光，受惊后卷成团，坠地假死。晴天在清晨和傍晚爬出葱管取食，太阳出来后，潜入葱管内或土缝中。葱叶被吃光后，成群迁移到周围地块或杂草上取食。老熟后入土，吐丝化蛹。

【**防治方法**】

（1）**诱杀成虫**　利用成虫的趋化性，在成虫数量开始上升时，用糖醋液诱杀成虫。糖醋液用红糖6份、白酒1份、米醋3份加少量敌百虫混合制成。糖醋液放在大碗里或小盆里，扣上盖子，放入田间。黄昏时揭开盖诱虫，黎明后取出诱到的蛾子。每5～7天换1次糖醋液。此外，还可用黑光灯诱蛾。

（2）**栽培防治**　铲除田边、田坎的杂草，减少孳生场所。化蛹期及时浅翻地，消灭翻出的虫蛹。利用幼虫假死性，人工捕捉，将白纸或黄纸平铺在垄间，震动植株幼虫即落到纸上，捕捉后集中杀死。

（3）**药剂防治**　大龄幼虫抗药性很强，须在幼虫3龄以前及时喷药防治。在卵孵化期和1～2龄幼虫盛期施药，用5%夜蛾必杀（增效氯氰菊酯）乳油1 500倍液和菊酯伴侣500～700倍液混合

于傍晚喷雾。也可用 2.5％保得乳油 1 000 倍液加 5％卡死克乳油
500 倍液混合喷雾，或 10％安绿宝乳油 1 000 倍液加 5％卡死克乳
油 500 倍液混合喷雾。对大龄幼虫或已经产生抗药性的幼虫，可用
10％除尽悬浮液 1 000～1500 倍液喷雾。用 48％乐斯本乳油1 000
倍液，或 50％农林乐乳油(江苏化工农药集团有限公司)1 000 倍
液喷雾效果也好。

晴天在清晨或傍晚施药，阴天全天都可施药。因葱叶不易粘附
药液，喷药时喷头向上，喷出的雾滴呈抛物线下降，飘落在葱叶上，
粘附药液多，且不易惊动幼虫，以免假死坠地。

葱须鳞蛾

【发生规律】　该虫在我国北方发生较多，1 年发生 5～6 代。
在 25℃条件下，成虫产卵前期 3～5 天，卵期 5～7 天，幼虫期 7～
11 天，蛹期 8～10 天，成虫期 10～20 天，1 代历期 33～53 天。6 月
份以前成虫较少，田间危害较轻，6 月份以后虫口迅速增加，至 8
月份达最高峰，此时田间可见多个虫态，世代重叠，发生不整齐，9
月份以后虫量又逐渐降低，11 月份中旬以后成虫不再产卵，蛹也
不再羽化，大部分以蛹在残枝落叶中越冬。

葱须鳞蛾成虫昼伏夜出，有趋光性，羽化后需补充营养 3～5
天，雌虫将卵散产于寄主叶片表面近叶端处，幼虫孵化后向叶基部
转移危害，边爬行边取食，将叶片啃食成纵沟，到达叶基部后继续
向茎部蛀食，但一般不再向根部蛀食。幼虫常把绿色虫粪推到叶基
分叉处，因而可根据分叉处的虫粪辨认受害植株。幼虫老熟后从茎
内爬出，爬至叶片中间，做薄茧化蛹，透过薄茧可见其中的蛹体。

【防治方法】
（1）药剂防治　应抓住该小龄幼虫尚未蛀入叶基部和茎内之
前的有利时机喷洒农药，效果较佳。可结合葱蓟马和其他害虫的防
治，用 50％辛硫磷乳油 1 000 倍液或 90％敌百虫 1 000 倍液喷雾，

也可选用25％西维因可湿性粉剂150～200倍液,21％氰马乳油5 000～6 000倍液,2.5％溴氢菊酯或20％杀灭菊酯3 000倍液喷雾。

(2)灯光诱杀 利用其趋光性,在发生严重地块,结合其他害虫的诱杀用黑光灯诱集。在黑光灯下放大缸或大盆,装入半缸(盆)水,水面上滴少量煤油或放入少量90％敌百虫结晶,诱到的成虫落到水面上死亡。

葱斑潜叶蝇

【发生规律】 葱斑潜叶蝇在我国各地1年发生4～15代不等,在华北和西北地区发生4～5代。以蛹在被害叶内或土壤中越冬。第一代幼虫危害阳畦育苗小葱,以后各代危害大葱。幼虫老熟后脱叶落地化蛹。5月上旬为成虫发生盛期。成虫活泼,善飞,晴朗的白天飞翔于葱和其他作物植株间,夜间或阴天栖息于叶端。雌成虫将卵单产于叶片表皮内,孵化后幼虫在叶肉内潜叶危害。幼虫在潜道内自由进退。6月份以后危害加剧,7～8月间盛发。危害一直可延续到10月底。夏季气温超过35℃时有越夏现象。

【防治方法】

(1)栽培防治 收获后及时清除残株败叶,深翻,冬灌,以减少虫源。葱斑潜叶蝇只为害葱蒜类蔬菜,成虫迁飞能力不强,有虫地可换种其他作物。要铲除田间杂草,减少成虫栖息场所。

(2)喷药防治 在成虫盛发期至低龄幼虫期喷药防治。育苗葱田从4月下旬开始对越冬代成虫、1代幼虫进行重点防治,以压低当年虫源。有效药剂有0.9％爱福丁乳油2 000倍液,0.6％齐螨素乳油1 500倍液,1％阿维·高氯乳油1 500倍液,58％齐·柴乳油1 000倍液,48％乐斯本乳油1 500倍液,21％增效氰马乳油(灭杀毙)5 000～6 000倍液,90％敌百虫1 000倍液,40％乐果1 000～1 500倍液等。

老熟幼虫脱叶落地化蛹,用对老龄幼虫有效的药剂喷施土表,对保护幼虫期寄生蜂有利,可用 48%乐斯本乳油 1500 倍液或 1%阿维·高氯乳油 1500 倍液喷雾,也可撒施 3%米乐尔颗粒剂,每公顷用药 22.5 千克。

葱蓟马

【发生规律】 葱蓟马在我国华北北部 1 年发生 3~4 代,山东 6~10 代,北京 10 代左右,华南地区 20 代以上。以成虫、若虫和拟蛹在葱属植物的叶鞘内、土块下、土缝中及田间枯枝落叶间越冬,华南地区冬季仍可在植物上生活,无越冬现象。在 25℃~28℃条件下,卵期 5~7 天,若虫期的 1~2 龄 6~7 天,3 龄(前蛹)2 天,4 龄(拟蛹)3~5 天,成虫寿命 8~10 天。成虫活泼善飞,但因体型小,飞翔距离短,看起来似跳跃,怕光,早、晚或阴天活动取食旺盛,植株阴面虫量较多。田间雌雄性比差异很大,绝大部分为雌虫,雄虫极少发现。雌虫可行孤雌生殖,产卵于叶片组织中,每雌虫可产卵 21~178 粒,平均 50 粒左右。若虫多集中于叶子基部危害,稍大即分散。2 龄若虫后期,常转向地下,在表土中经历拟蛹期。

气温在 25℃以下,相对湿度在 60%以下时有利于发生,高温高湿对其不利,暴风雨能降低发生数量,少量雨水对蓟马的发生无影响。一年中以 4~5 月份和 10~11 月份发生危害较重。葱蓟马的主要天敌有华姬猎蝽、小花蝽等,都对葱蓟马有一定的抑制作用。

【防治方法】

(1)栽培防治 播前翻耕或生长期中耕可机械杀死越冬虫体或在土中栖息的虫体,中耕尚可促进植物生长。清除杂草可减少野生寄主,减低虫口数量。发生数量较多时,可增加灌水次数或灌水量,淹死一部分虫体,并提高小气候湿度,创造不利于葱蓟马的生活环境。另外,可适当追施一些氨水,熏死一部分虫体。

（2）**药剂防治**　可结合其他害虫的防治，选用 50％辛硫磷 1 000 倍液、21％增效氰马乳油（灭杀毙）5 000～6 000 倍液或 25％亚胺硫磷乳油 500 倍液喷雾。此外，用 4％鱼藤精 800 倍液、烟草石灰水（1：0.5：50）喷雾，效果也好。

大青叶蝉

【发生规律】　每年发生 2～6 代，以卵越冬，卵多产于木本植物枝条的皮下组织内或禾本科植物茎秆内。越冬卵于 4 月上旬至下旬孵化，第一代成虫羽化期为 5 月中下旬，第二代为 6 月末至 7 月下旬，第三代 8 月中旬至 9 月中旬。成虫有趋光性，非越冬代成虫多产卵于寄主植物的叶背面主脉的组织中，卵痕月牙形，产卵成块，每块 3～15 粒卵。若虫多在早晨孵化，共 5 龄，若虫期 1 个月左右。在早晨或黄昏气温低时，成虫、若虫都潜伏不动，午间气温较高时活跃。

【防治方法】　在防治其他害虫时，予以兼治。多对受害严重的作物施药防治，减少进入葱、蒜、韭菜田的虫口数量。成虫具有趋光性，可用黑光灯诱杀或普通灯火诱杀。在若虫盛发期喷药防治，常用的药剂有 40％乐果乳油 1 000 倍液，20％叶蝉散乳油 1 000～1 500 倍液，90％晶体敌百虫 1 000～1 500 倍液，50％稻丰散乳油 1 000 倍液，50％杀螟硫磷乳油 1 000～1 500 倍液，2.5％敌杀死（溴氰菊酯）乳油 3 000～4 000 倍液，20％氰戊菊酯乳油 3 000～4 000 倍液等。

斑须蝽

【发生规律】　斑须蝽每年发生 1～3 代，以成虫在植物根际、枯枝落叶下、树皮裂缝中或屋檐底下等隐蔽处越冬。在黄淮流域第一代发生于 4 月中旬至 7 月中旬，第二代 6 月下旬至 9 月中旬，第三代 7 月中旬一直到翌年 6 月上旬。后期世代重叠现象明显。第一代对小麦,第二代对烟草,第三代对烟草和蔬菜都有严重危害。

【防治方法】　对葱蒜类蔬菜危害较轻,可在防治其他害虫时予以兼治。防治可用 50%辛硫磷乳油、80%敌敌畏乳油或 40%乐果乳油 1 000~1 500 倍液喷雾,也可用 20%杀灭菊酯或 2.5%溴氢菊酯乳油 3 000~4 000 倍液喷雾。

葱黄寡毛跳甲

【发生规律】　该虫以成虫越冬,每年发生 1~3 代。成虫善跳,卵产于土壤内,幼虫危害根,发生数量少时不易被发现,常被错认为根蛆危害。在根部周围化蛹。

【防治方法】

(1)栽培防治　发生较重的田块要进行冬灌和春灌,收获后和播种前还要翻耕土地,这样可冻死、淹死和机械杀死一部分土中的虫体。结合防治根蛆,在韭菜头刀和 2 刀后追施 2 次氨水,这样一方面可促进植株生长,增强抗虫能力,另一方面,氨水对土壤中的害虫还有熏蒸和窒息作用。

(2)药剂防治　在成虫盛发期,结合其他害虫的防治,用 90%敌百虫结晶 1 000 倍液、50%辛硫磷乳油 1 000 倍液或用 10%敌马乳油 2 000 倍液喷雾。幼虫孵化盛期可用上述前两种药液灌根,或用 50%辛硫磷乳油 1 000 倍液与 Bt 乳油 400 倍液混合液灌根,效果均好。

蒜萤叶甲(韭萤叶甲)

【发生规律】　该虫在黄河流域 1 年发生 1 代,以成虫在根际土壤中越冬,少数还可在隐蔽的残株败叶下越冬。翌年 4 月初越冬成虫出土活动,爬至寄主叶片和假茎部取食。4 月上中旬成虫开始在根际土表或寄主心叶处产卵,卵聚产成块,每块 10～15 粒,卵块黑褐色,产卵后 10～15 天成虫死亡。4 月中旬卵开始孵化,初孵幼虫爬至叶片取食。3 龄幼虫取食量加大,4 龄幼虫食量最大,其食量占整个幼虫期的 70% 以上。4 月中旬至 6 月份为幼虫危害期,在韭菜和葱地可一直延续到 7 月份。幼虫老熟后,爬至根际表土层,吐少量丝将身体缠绕,然后在其中化蛹,蛹期平均 15～25 天。在蒜地最早 5 月中旬就开始化蛹,6 月中下旬大量化蛹,6 月上中旬成虫陆续羽化,大蒜地羽化的成虫,一部分迁至韭菜、葱地,一部分就在蒜地土壤中越夏,秋季大蒜出苗后,成虫危害蒜苗,一直到 11 月份开始越冬。

在辽宁铁岭 4 月初越冬卵孵化为幼虫,4 月中旬是危害盛期,可将葱苗吃光。5 月上旬陆续化蛹,5 月下旬羽化为成虫。成虫取食大葱、韭菜等。高温(30℃以上)停止取食,进入松土下、枯叶下越夏。9 月份出土取食大葱籽、葱苗,10 月中下旬至 11 月上旬产卵,以卵块在土表越冬。

幼虫有假死性,受惊后常坠地卷缩。幼虫行动敏捷,爬行较快,大龄幼虫受惊后可分泌黄色液体,以便保护自己,乘机逃逸。成虫具耐饥力,夏秋季耐饥力更强,1 个月不取食仍可存活。较干旱的田块受害重,水浇地则轻。

【防治方法】

(1)栽培防治 收蒜(葱)后,及时翻耕土地,可机械杀伤土中虫体,或将虫体翻至土表,经受雨水冲刷、日晒、鸟兽啄食而死亡。成虫产卵期和化蛹期勤锄地,也可杀伤虫体。及时清除菜地残株、落叶及杂物,并作深埋或销毁处理,可以减少越冬、越夏虫源。

(2)人工捕捉 利用幼虫假死性,抖动植株,捕捉或碾死幼虫。

(3)药剂防治 在越冬成虫出土期、幼虫孵化盛期和秋季成虫羽化期,可结合根蛆和葱蓟马防治,喷洒 90% 晶体敌百虫 800 倍液、50% 辛硫磷乳油 1 000 倍液或 80% 敌敌畏乳油 1 000～1 500倍液防治成虫和幼虫。还可结合根蛆幼虫防治,用 50% 辛硫磷乳油 1 000 倍液或 50％马拉硫磷乳油 1 000 倍液浇灌。

绿圆跳虫

【发生规律】 在黄河流域大蒜产区,该虫春季活动旺盛,3月下旬至 5 月上旬田间数量较多,秋季也有发生,但发生时间较短,数量也较少。绿圆跳虫在旬均温 15℃～20℃,相对湿度 50％～75％的条件下发生数量多,危害重,温度超过 25℃,相对湿度超过80％,数量显著减少。降雨有明显不利影响,降雨后虫口数量增长缓慢,有时还下降。不同品种的大蒜受害程度有差异,改良蒜比苍山蒜发虫多,受害重。该虫晚间活动旺盛,遇惊动即弹跳逃逸,难以捕捉。

【防治方法】 绿圆跳虫生活在土壤里或植物的中下部,土壤耕作和农业技术措施对控制该虫十分重要。在农业措施贯彻不力的情况下,药剂防治也能控制危害。

(1)栽培防治 及时中耕,杀死虫体和促进根的生长发育;春季蒜苗返青后及时灌水,淹死钻入土中的绿圆跳虫虫体;及时清除田间腐败植株及残叶,绿圆跳虫有腐食性,可取食土中腐败植物和腐殖质,清除植物残体可减少虫口。

(2)药剂防治 结合根蛆、韭蛆的防治,在 4 月上中旬喷雾防治成虫,下旬灌根防治幼虫时都可兼治绿圆跳虫。50％辛硫磷乳剂1 000 倍液或 90％敌百虫结晶 1 000 倍液都可用于喷雾或灌根。

印度谷螟

【发生规律】 在贮蒜仓库里年发生 4～6 代。雌成虫寿命 9～26 天,雄成虫 9～25 天;卵期 2～17 天,幼虫期 36～44 天,蛹期4～33 天。在夏季完成 1 代平均需 36 天左右。成虫善飞,常从仓库飞出,飞至住室内,在粮食、食品(特别是甜食品)、果干、豆类甚至药材上产卵,幼虫在其上危害。该虫也可随贮蒜的调运传播,污染其他农产品。成虫羽化后约 3 天开始产卵,产卵期最短只有 1 天,最长可达 18 天。雌虫在夜间产卵,单雌产卵 100～300 粒,散产或 2～8 粒聚产。不同温度下各虫态发育历期差别很大,食料不同时,世代历期也有差异,一个世代最短的只有 27 天,最长的可达 300 多天。

【防治方法】

(1)**清洁仓库**　贮蒜入库前需彻底清理仓库,清除残余物质,扫除尘土和杂物,特别要彻底清除印度谷螟各个虫态的虫体,以免再度侵染。

(2)**药剂防治**　贮蒜入库前彻底清扫后,空仓用 50％马拉硫磷乳油 1 000 倍液仔细消毒,以杀死残存的印度谷螟虫体。贮蒜入库后若发现仍有印度谷螟危害,亦可用上述药剂喷雾防治。贮蒜入仓后,还可在仓内用敌敌畏挂袋法熏杀成虫,此法用纱布做成的厚袋,浸过 80％敌敌畏乳油后挂在仓内,也可用敌敌畏棉球挂在仓内。

(3)**诱杀**　在大型贮蒜库内设置黑光灯诱杀成虫,还可一并诱杀粉斑螟、麦蛾等其他害虫。

仓　潜

【发生规律】　仓潜在仓库中较潮湿的角落和腐烂的蒜堆中发生较多。除蒜头外,还取食贮藏的谷类、花生、豆类、药材,甚至毛毯与纺织品。

【防治方法】　防治方法参见印度谷螟。

伯氏嗜木螨

【发生规律】　在仓贮条件下,雌、雄成螨都可多次交配,交配后 1～3 天开始产卵。产卵期持续 4～8 天。卵单产或聚产,聚产时每个卵块 2～12 粒卵。卵经 3～5 天后孵化。幼螨期 2～5 天,第一若螨期 3～4.5 天,第二若螨期 4～5 天,成螨期 13～17 天。一个世代历期平均 32 天。各螨态均群体为害,且世代重叠,混合发生。伯氏嗜木螨怕光,喜阴暗潮湿,见光后异常活跃,迅速逃向背光处。基质发霉可促进螨体生长发育。该螨还有休眠体阶段,以适应不良环境,且可由贮藏物携带传播。

【防治方法】 搞好仓库卫生,贮蒜入库前需彻底清理仓库,清除残余物质,扫除尘土和杂物。贮蒜期间要通风透光,减湿降温。在试验条件下,用硫黄粉(每立方米用 100 克)或 50%敌敌畏乳油(每立方米用 0.15 克)密闭熏蒸,杀螨效果较好。

根　螨

【发生规律】 根螨在田间 1 年发生多代,世代重叠现象严重。当环境条件恶化时,第一若螨即进入休眠,变成休眠体,休眠体不食不动,对不良的环境条件抵抗力较强,这样可以保存自己,渡过寒冷、燥热和短期食物缺乏等难关,待环境条件好转后,再发育成第二若螨。两种根螨营土中生活,避光性较强,行动迟缓,对温度适应的范围较广,一般在平均气温 10℃～30℃范围内,均可发育和活动,10℃以下停止活动,较喜湿润,在土壤湿度高和温度适宜的情况下,种群数量增加很快。罗宾根螨在连作洋葱田,潮湿而有机质含量高的土壤发生多,晚播田比早播田发生多。

【防治方法】

(1)栽培防治　实行耕翻和冬灌,耕翻可机械杀伤土中的螨体,或翻到土面使其死亡。冬灌可促使在土中休眠的螨体死亡。适期早播,早播的寄主田块发生较轻。清洁田园,植株残体及时集中销毁,以免虫体在田间再度传播。严重发生时可与小麦、大麦等作物轮作。

（2）**严格调种检验**　寄主植株或鳞茎在调运过程中应加强检验，发现螨体后应做消毒处理，防止扩大蔓延。

（3）**药剂防治**　用40％乐果乳油1 500倍液，20％灭扫利乳油4 000倍液，5％尼索朗乳油4 200倍液，48％乐斯本乳油1 000～1 500倍液，1.8％虫螨克乳油1 000～1 500倍液或20％螨克乳油1 000～1 500倍液浇灌大蒜植株基部，使药液渗入土壤。为了降低防治成本，也可用50％辛硫磷乳油4 000倍液浇灌。

蜗　牛

【发生规律】　两种蜗牛常混合发生，同型巴蜗牛1年繁殖1代，灰巴蜗牛1年繁殖1～2代。成贝或幼贝蛰伏在作物根部土壤中越冬，也有的在菜田残茎落叶层内、石块下或土缝中越冬。越冬蜗牛在翌年3月初开始取食，4～5月间成贝交配产卵，并大量取食。夏季若干旱高温，就隐蔽潜伏，干旱季节过后继续危害繁殖，直至越冬。蜗牛性喜阴湿，雨水较多时可昼夜活动取食，连续降雨后大量繁殖。干燥时蜗牛白天潜伏，夜间活动取食。夏季遇干旱、高温或强光之后，常隐蔽起来，分泌粘液形成蜡状膜将壳口封住，暂时不食不动，条件适宜时恢复活动。蜗牛以足部肌肉的伸缩活动爬行，行动迟缓。爬行时分泌粘液，留下发亮的痕迹。

【防治方法】　发生数量较少时，可寻找蜗壳，捡拾蜗牛，集中杀灭。还可于傍晚用菜叶、蚕豆叶或绿肥植物叶片等堆成小堆，诱集蜗牛，次日捕捉诱到的蜗牛，集中杀死。在田间撒石灰粉（每平方米7.5～11克），对蜗牛有效。药剂防治可用拜耳公司产品2％灭旱螺饵剂（用药量为每平方米0.75～0.9克），瑞士龙沙公司生产的6％密达颗粒毒饵（用药量每平方米0.7～1克），或江苏铜山农药厂的除蜗净（30％甲萘威·四聚乙醛母粉，用药量每平方米0.375～0.75克），在韭菜田顺垄撒施。70％百螺杀可湿性粉剂（拜耳公司产品）则用2 000～2 500倍液喷雾。

金盾版图书,科学实用,
通俗易懂,物美价廉,欢迎选购

怎样种好菜园(新编北
　方本修订版)　　　　　19.00 元
怎样种好菜园(南方本
　第二次修订版)　　　　13.00 元
菜田农药安全合理使用
　150 题　　　　　　　　7.50 元
露地蔬菜高效栽培模式　 9.00 元
图说蔬菜嫁接育苗技术　14.00 元
蔬菜贮运工培训教材　　 8.00 元
蔬菜生产手册　　　　　11.50 元
蔬菜栽培实用技术　　　25.00 元
蔬菜生产实用新技术　　17.00 元
蔬菜嫁接栽培实用技术　12.00 元
蔬菜无土栽培技术
　操作规程　　　　　　 6.00 元
蔬菜调控与保鲜实用
　技术　　　　　　　　18.50 元
蔬菜科学施肥　　　　　 9.00 元
蔬菜配方施肥 120 题　　 6.50 元
蔬菜施肥技术问答(修
　订版)　　　　　　　 8.00 元
现代蔬菜灌溉技术　　　 7.00 元
城郊农村如何发展蔬菜
　业　　　　　　　　　 6.50 元
蔬菜规模化种植致富第
　一村——山东省寿光
　市三元朱村　　　　　10.00 元

种菜关键技术 121 题　　13.00 元
菜田除草新技术　　　　 7.00 元
蔬菜无土栽培新技术
　(修订版)　　　　　　14.00 元
无公害蔬菜栽培新技术　11.00 元
长江流域冬季蔬菜栽培
　技术　　　　　　　　10.00 元
南方高山蔬菜生产技术　16.00 元
夏季绿叶蔬菜栽培技术　 4.60 元
四季叶菜生产技术 160
　题　　　　　　　　　 7.00 元
绿叶菜类蔬菜园艺工培
　训教材　　　　　　　 9.00 元
绿叶蔬菜保护地栽培　　 4.50 元
绿叶菜周年生产技术　　12.00 元
绿叶菜类蔬菜病虫害诊
　断与防治原色图谱　　20.50 元
绿叶菜类蔬菜良种引种
　指导　　　　　　　　10.00 元
绿叶菜病虫害及防治原
　色图册　　　　　　　16.00 元
根菜类蔬菜周年生产技
　术　　　　　　　　　 8.00 元
绿叶菜类蔬菜制种技术　 5.50 元
蔬菜高产良种　　　　　 4.80 元
根菜类蔬菜良种引种指
　导　　　　　　　　　13.00 元

新编蔬菜优质高产良种　　　19.00元

名特优瓜菜新品种及栽
　培　　　22.00元

蔬菜育苗技术　　　4.00元

豆类蔬菜园艺工培训教
　材　　　10.00元

瓜类豆类蔬菜良种　　　7.00元

瓜类豆类蔬菜施肥技术　　　6.50元

瓜类蔬菜保护地嫁接栽
　培配套技术120题　　　6.50元

瓜类蔬菜园艺工培训教
　材(北方本)　　　10.00元

瓜类蔬菜园艺工培训教
　材(南方本)　　　7.00元

菜用豆类栽培　　　3.80元

食用豆类种植技术　　　19.00元

豆类蔬菜良种引种指导　　　11.00元

豆类蔬菜栽培技术　　　9.50元

豆类蔬菜周年生产技术　　　14.00元

豆类蔬菜病虫害诊断与
　防治原色图谱　　　24.00元

日光温室蔬菜根结线虫
　防治技术　　　4.00元

豆类蔬菜园艺工培训教
　材(南方本)　　　9.00元

南方豆类蔬菜反季节栽
　培　　　7.00元

四棱豆栽培及利用技术　　　12.00元

菜豆豇豆荷兰豆保护地
　栽培　　　5.00元

菜豆标准化生产技术　　　8.00元

图说温室菜豆高效栽培

关键技术　　　9.50元

黄花菜扁豆栽培技术　　　6.50元

日光温室蔬菜栽培　　　8.50元

温室种菜难题解答(修
　订版)　　　14.00元

温室种菜技术正误100
　题　　　13.00元

蔬菜地膜覆盖栽培技术
　(第二次修订版)　　　6.00元

塑料棚温室种菜新技术
　(修订版)　　　29.00元

塑料大棚高产早熟种菜
　技术　　　4.50元

大棚日光温室稀特菜栽
　培技术　　　10.00元

日常温室蔬菜生理病害
　防治200题　　　9.50元

新编棚室蔬菜病虫害防
　治　　　21.00元

南方早春大棚蔬菜高效
　栽培实用技术　　　10.00元

稀特菜制种技术　　　5.50元

稀特菜保护地栽培　　　6.00元

稀特菜周年生产技术　　　12.00元

名优蔬菜反季节栽培(修
　订版)　　　22.00元

名优蔬菜四季高效栽培
　技术　　　11.00元

塑料棚温室蔬菜病虫害
　防治(第二版)　　　6.00元

棚室蔬菜病虫害防治　　　4.50元

北方日光温室建造及配

套设施	8.00 元	新编蔬菜病虫害防治手
南方蔬菜反季节栽培设		册(第二版) 11.00 元
施与建造	6.00 元	蔬菜植保员培训教材
保护地设施类型与建造	9.00 元	(北方本) 10.00 元
园艺设施建造与环境调		蔬菜植保员培训教材
控	15.00 元	(南方本) 10.00 元
两膜一苫拱棚种菜新技		蔬菜植保员手册 76.00 元
术	9.50 元	蔬菜优质高产栽培技术
保护地蔬菜病虫害防治	11.50 元	120 问 6.00 元
保护地蔬菜生产经营	16.00 元	商品蔬菜高效生产巧安
保护地蔬菜高效栽培模		排 4.00 元
式	9.00 元	果蔬贮藏保鲜技术 4.50 元
保护地甜瓜种植难题破		青花菜优质高产栽培
解 100 法	8.00 元	技术 8.50 元
保护地冬瓜瓠瓜种植难		大白菜高产栽培(修订
题破解 100 法	8.00 元	版) 4.50 元
保护地害虫天敌的生产		南方白菜类蔬菜反季节
与应用	9.50 元	栽培 6.00 元
保护地西葫芦南瓜种植		怎样提高大白菜种植效
难题破解 100 法	8.00 元	益 7.00 元
保护地辣椒种植难题破		白菜甘蓝病虫害及防治
解 100 法	8.00 元	原色图册 16.00 元
保护地苦瓜丝瓜种植难		紫苏菠菜大白菜出口标
题破解 100 法	10.00 元	准与生产技术 11.50 元
蔬菜害虫生物防治	12.00 元	萝卜标准化生产技术 7.00 元
蔬菜病虫害诊断与防治		萝卜高产栽培(第二次
图解口诀	14.00 元	修订版) 5.50 元

　　以上图书由全国各地新华书店经销。凡向本社邮购图书或音像制品,可通过邮局汇款,在汇单"附言"栏填写所购书目,邮购图书均可享受 9 折优惠。购书 30 元(按打折后实款计算)以上的免收邮挂费,购书不足 30 元的按邮局资费标准收取 3 元挂号费,邮寄费由我社承担。邮购地址:北京市丰台区晓月中路 29 号,邮政编码:100072,联系人:金友,电话:(010)83210681、83210682、83219215、83219217(传真)。